农村水务员必读

主编◎丁春梅　张喆瑜　　主审◎陈晓东

中国水利水电出版社
www.waterpub.com.cn

·北京·

内 容 提 要

　　村级水务工作涉及所有的水务工程设施和水务管理工作，本书针对农村水务员的特点及当前水务工作的重点，从农村水务员的基本职责、农村水务工作基本术语、农村防灾减灾、农村供水工程、农业节水灌溉、农村水环境治理和保护、涉水事务管理、水利员基本技能等方面进行了较为完整的介绍，以期提高农村水务员的综合业务素质，更好地为当地经济和社会发展服务。

　　本书可供村级水管员、农民用水户协会等管理人员使用，也可供水利行业相关技术人员、大专院校师生参阅。

图书在版编目（CIP）数据

　　农村水务员必读 / 丁春梅，张喆瑜主编. -- 北京 ：中国水利水电出版社，2019.3
　　ISBN 978-7-5170-7510-3

　　Ⅰ．①农… Ⅱ．①丁… ②张… Ⅲ．①农村给水－水资源管理－基本知识－中国 Ⅳ．①S277.7

　　中国版本图书馆CIP数据核字(2019)第047160号

书　　名	**农村水务员必读** NONGCUN SHUIWUYUAN BIDU
作　　者	主编　丁春梅　张喆瑜　　主审　陈晓东
出版发行	中国水利水电出版社 （北京市海淀区玉渊潭南路 1 号 D 座　100038） 网址：www. waterpub. com. cn E - mail：sales@waterpub. com. cn 电话：(010) 68367658（营销中心）
经　　售	北京科水图书销售中心（零售） 电话：(010) 88383994、63202643、68545874 全国各地新华书店和相关出版物销售网点
排　　版	北京时代澄宇科技有限公司
印　　刷	天津嘉恒印务有限公司
规　　格	184mm×260mm　16 开本　11.75 印张　230 千字
版　　次	2019 年 3 月第 1 版　2019 年 3 月第 1 次印刷
印　　数	0001—3500 册
定　　价	**42.00 元**

前言

　　根据 2018 年中央一号文件《中共中央 国务院关于实施乡村振兴战略的意见》，加强农村基层基础工作，构建乡村治理新体系，推动农村基础设施提档升级，推进重大水利工程、加强农村防灾减灾救灾能力，推广合适的污水治理模式等项工作都是比较重要的。为了更好地响应文件号召，建立健全职能明确、布局合理、队伍精干、服务到位的基层水利服务体系，全面提高基层水利服务能力，特编写本教程。

　　村级水务工作涉及所有的水务工程设施和水务管理工作，工程设施种类繁多，但技术含量不高。农村水务员是最基层的水利工作者，直接为农民服务，对村内的水务设施了如指掌，但大多没有经过系统的业务培训。针对农村水务员的特点及当前水务工作的重点，本书对水务员的基本职责、水务工作基本术语、防灾减灾、农村供水管理、农村水环境保护以及节水灌溉等方面做了较为完整的介绍，希望通过本书的学习，提高农村水务员的综合业务素质，更好地为当地经济和社会发展服务。

　　由于农村水务工作涉及面广，加之编者水平的限制，书中难免有不当和错误之处，敬请读者批评指正。

编者

2018 年 10 月

目录

第一章　农村水务员的基本职责

农村水务员是最基层的水利工作者，直接为农民服务，在贯彻落实上级水利相关政策的同时维护农民的用水权益。

农村水务员在村两委的领导和上级部门的指导下开展工作，负责农村公共水利设施的日常管理和维护，负责农村节水和水资源保护工作，负责农村水务突发事件应急处置和上报。乡（镇）政府或街道办事处可根据各行政村实际情况，具体安排农村水务员的涉水工作任务。

第一节　农村水务员的作用

1. 宣传水利知识

农村水务员是村民中的一员，熟悉每一位村民，可在不同的场合、以不同的方式随时深入群众宣传水利工作，将与村民密切相关的水利政策法规、水利知识、水雨风旱险情、水事动态等信息及时传递到各家各户，提高村民合法用水、节约用水和高效用水的意识。

2. 巡查农村小型水利工程

农村水务员对本辖区小型水利工程的分布、功能等非常熟悉，根据不同工程的特点开展日常巡查和维护管理，关注水利设施的运行状况，及时发现各类水事问题，按照能力范围内可处理的立即处理、能力范围内不能处理的及时报告的原则，及时妥善处理好萌芽状态的水事，使违章种植、建筑、挖填等违法行为得到及时制止和清理，确保各类水利设施发挥应有效益。

3. 科学调度用水

农村水务员来自本村，对全村的水利设施和农户用水需求了如指掌，针对用水要求，水务员可以科学调度村内河道、渠道、山塘及水库等水资源，调配灌溉用水和其他用水，调配本村与邻村用水，调配本村农户间用水，实现村内"一把锄头"放水，既可节约用水又可化解矛盾，确保农村社会的和谐稳定。

农村水务员对村里的"水事"了如指掌，哪段水渠有损毁渗漏，哪个涵洞水量过大，哪里发生了用水纠纷，均可在第一时间向上报告或及时处理，使农村的水事纠纷"大事化小，小事化了"。

4. 管护农村小型水利设施

农村水务员掌握本村小型水利设施产权归属，初审产权变更，落实本村小型水利设施管护主体，监督管护主体对管护对象开展正常的维修养护。维护集体产权的本村小型水利设施，确保水利设施正常运行。

5. 建设农村小型水利设施

农村水务员作为本村的水利专家，提出本村小型水利设施建设计划，配合设计单位开展相应的工程设计相关工作；组织本村水利设施的建设；如果项目承包给施工单位，还应做好政策处理、交通等的配合和沟通工作，同时监督施工单位保质保量地按时完成。

6. 指导减灾避害

农村水务员熟悉本村地形地貌和每家每户的情况，经过培训掌握基本的防汛抢险等知识后，遭遇暴雨、洪涝、干旱、台风等突发性自然灾害时，组织群众开展抢险自救工作，或及时疏导转移群众到安全地带，从而减少自然灾害带来的人员伤亡和财产损失。

第二节　农村水务员的基本职责

农村水务员的基本职责主要包括：农村水务综合规划的制定；农村安全饮水、节水灌溉、水土保持、水源保护、河道治理、乡村水环境及农村污水处理等方面的建设；水务设施的管护、防汛防台抗旱、水务新技术推广、农村节约用水管理等。

农村水务员的基本职责如图1-1所示。

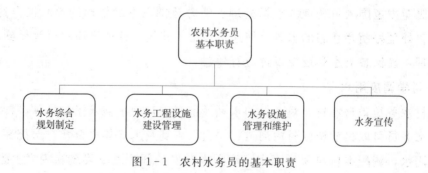

图1-1　农村水务员的基本职责

作为一名农村水务员，在农村水务综合规划的制定过程中，承担的是业主的角色，应提出本村对水务的总体需求及发展目标，给编制单位提供相关的技术数据，配合做好上级行政主管部门的协调工作，联络本村干部和村民参与规划的编制，组织本村干部和村民对本村的农村水务综合规划进行审查，宣传本村的农村水务综合规划，组织落实农村水务综合规划的实施。

在农村水务（利）工程建设方面，作为农村水务员，在项目确定、施工指导、质量监督、政策处理及费用结算等方面应起到主导作用。项目确定应避免随意性，以农村水务综合规划为依据，如果暂时没有农村水务综合规划，水务员应综合考虑项目的性质及村民的实际需求进行安排，尽量避免工程间的冲突，杜绝重复建设。在施工过程中对施工单位的施工安排要进行审核，主要包括施工场地的布置、进出场道路、施工用水和排水、工期的安排及施工机械等，一般外地的施工企业对本村的情况没有水务员熟悉，如果安排不妥，会给本村村民造成极大的不便，甚至引起冲突。在质量监督方面，水务员要尽到主人的责任，必要时要组织本村德高望重的村民参与质量监督，确保工程质量。在工程建设过程中，难免占地、占路，损害个别村民利益，作为水务员，要尽量减少村民的损失，在不可避免时要给予一定的补偿，补偿的数额、方式采取协商的方式，利益各方必须本着实事求是的原则，对不合理的要求通过法律途径进行解决。

在水务设施管理方面，水务员是主要的责任人。首先，水务员负责对本村的水务设施按有关技术要求进行日常巡视，保证各水务设施的正常运行，并及时发现问题；其次，对所发现的问题，能处理的要及时处理，不能处理的要及时通报本村村民，同时对可能会影响公共安全的问题，还要及时向上级有关部门报告，如山塘、水库发生坍塌、严重渗漏、漫顶等；再次，水务设施一旦发生损坏，要及时维修，如水管破裂、渠道漏水等。此外，水务员还要管理、使用好水务设施维护经费，水务设施维护经费主要来自于上级部门的财政拨款、村级集体经济的提成和收缴的相关水费（如自来水费）等，每年做好经费使用预算和决算，并在村民中公示。

水务宣传除了做好政策和法律的宣传外，更要宣传本村的水务综合规划，宣传水务设施保护的相关知识，宣传水灾害的避险方法和措施，宣传水资源和水环境的保护知识等。应充分做好水务工作的公示，如项目确定各阶段的公示，在项目实施过程中的公示，年度水务设施维护的经费使用等。

第三节　农村水务员的基本素质

作为一名基层水利工作人员，要注重两个方面：一是自身的素质，二是工作的能力。

3

1. 基层水利工作人员需具备的基本素质

（1）思想道德素质。基层水利工作人员首先要遵守职业道德的基本要求，做到作风正派、爱岗敬业。要公私分明、不贪不占、舍己奉公，有主人翁精神，能够严格执行各项规章制度，具有为村民服务的思想。

（2）身体素质和吃苦精神。基层水利工作比较辛苦，因此要求基层水利工作人员具有健康的体魄和吃苦耐劳的精神。

2. 基层水利工作人员需具备的工作能力

（1）技术文化水平。基层水利工作人员一般要求具有大专以上文化水平，最基本的要求必须具备初中毕业的文化水平并进行相应的专业基础知识培训，具备专业基础知识，熟悉本职工作，精通业务，能够按照操作规范尽快适应岗位操作要求。

（2）善于学习的能力。能够及时总结经验教训，在工作和学习的实践中不断提高自己的文明素质和业务素质。提倡多读书，多交流。

（3）沟通协调能力。基层水利工作人员要协调各方面的人员关系，处理各种突发事件，因此需要具备一定的沟通协调能力。

（4）能够发挥自己的人格魅力。一个工作积极、作风正派、善待他人、精神饱满、正直向上的人，可以靠自己的人品和人格魅力团结周围的人一道工作。

第二章 农村水务工作基本术语

第一节 水 文

1. **地表水**

地表水是指分别存在于河流、湖库、沼泽、冰川和冰盖等水体中水分的总称。

2. **地下水**

地下水狭义指埋藏于地面以下岩土孔隙、裂隙、溶隙饱和层中的重力水,广义指地面以下各种形式的水。

3. **降水**

降水是指大气中的水汽凝结后以液态水或固态水降落到地面的现象。

4. **蒸发**

蒸发是指水分子从水面、冰雪面或其他含水物质表面以水汽形式逸出的现象。

5. **径流**

径流是指陆地上的降水汇流到河流、湖库、沼泽、海洋、含水层或沙漠的水流。

6. **水位**

水位是指自由水面相对于某一基面的高程。

7. **流速**

流速是指水的质点在单位时间内沿流程移动的距离。

8. **流量**

流量是指单位时间内通过河渠或管道某一过水断面的水体体积。

9. **水量平衡**

地球上任一区域或水体,在一定时段内,输入的水量与输出的水量之差等于该区域或水体内的蓄水变量。

10. **热带气旋**

热带气旋是指源于热带海洋上的气旋性环流,是热带低压、热带风暴、强热带风暴、台风的统称。热带气旋中心附近最大风力达 6～7 级的称为热带低压；中心附近最大风力达 8～9 级的称为热带风暴；中心附近最大风力达 10～11 级的称为强热带风暴；发生在西北太平洋和中国南海，12 级或以上的热带气旋称为台风，中心附近最大风力 14～15 级的称为强台风，16 级及以上的称为超强台风。

11. 汛期

汛期是指河水在一年中有规律显著上涨的时期。"汛"就是水盛的样子，"汛期"就是河流水盛的时期，汛期不等于水灾，但是水灾一般都发生在汛期。由于暴雨比洪水超前，加上防汛工作的需要，政府部门规定的汛期一般要比自然汛期时间长一些，如每年的 4 月 15 日到 10 月 15 日。

12. 梅雨（霉雨）

梅雨（霉雨）是指初夏江南梅子黄熟时期，中国江淮流域到日本南部一带出现的雨期较长的连阴雨天气。

13. 暴雨

暴雨是指降雨强度和量均相当大的雨。1h 内雨量等于或大于 16mm，或 24h 内雨量等于或大于 50mm 的雨。

14. 流域

流域是指地表水和地下水的分水线所包围的集水区域或汇水区，习惯上指地表水的集水区域。流域分水线与河口断面之间所包围的平面面积称流域面积（或集水面积）；分开相邻流域或河流地表集水的边界线称分水线（分水岭）。

15. 明渠

明渠是指由河床与岸壁或边壁所组成的纵向边界面，水体在其中流动并具有自由表面。

16. 河流

河流是指在明渠中，受地表水和地下水补给，或受径流调节补给，经常或间歇地沿着狭长的凹地或岩洞流动的水流。

17. 运河

运河是指人工开挖以航运为主沟通地区或水域间的河流。

18. 温泉

温泉是指水温超过当地年平均气温而低于沸点的泉。

19. 水环境容量（纳污量）

水环境容量（纳污量）是指在人群生存和水生态不致受害的前提下，水环境所能容纳污染物的最大负荷量。

第二节　灌溉与排水

1. 灌溉用水

灌溉用水是指人工补充作物、林草正常生长的用水。

2. 灌溉设计保证率

灌溉设计保证率是指在多年运行中，灌区用水量能得到充分满足的概率，一般以正常供水或供水不破坏的年数占总年数的百分数表示。

3. 抗旱天数

抗旱天数是指农作物生长期连续干旱时灌溉工程能确保用水要求的天数。

4. 灌溉水利用系数

灌溉水利用系数是指灌入田间可被作物利用的水量与渠首引进的总水量的比值。

5. 旱涝保收面积

旱涝保收面积是指按一定设计标准建造水利设施以保证遇到一定重现期的旱涝灾害仍能高产稳产的农田面积。该面积占区域内农田总面积的比例，称之为旱涝保收面积率，一般用百分比表示。

6. 节水灌溉面积

节水灌溉面积是指田间系数及渠系系数都满足《节水灌溉工程技术规范》（GB/T 50363—2006）中10.0.1～10.0.3条件的灌溉面积。

7. 有效灌溉面积

有效灌溉面积是指灌溉工程设施基本配套，有一定水源，一般年份可正常灌溉的耕地面积。

8. 渠道防渗率

渠道防渗率是指固定渠道防渗面积与最大过水面积的比值，以百分率计。

9. 农田产出率

农田产出率是指单位农田面积上的年产值。

10. 水分生产率

水分生产率是指单位面积作物产量（值）与作物全生育期耗水量的比值。

11. 粮食生产功能区

粮食生产功能区是指围绕保障粮食安全，以改善粮食生产条件、建设吨粮田为核心，在集中连片标准农田基础上建设的粮食稳产高产高效模式示范区。

12. 干旱

干旱是指因大气土壤生理等原因导致作物体内水分亏缺的现象。

13. 灌溉制度

灌溉制度是指按作物需水要求和不同灌水方法制定的灌水次数、每次灌水的灌水时间和灌水定额及灌溉定额的总称。

14. 灌水定额

灌水定额是指单位灌溉面积上的一次灌水量。

15. 灌溉定额

灌溉定额是指作物播种前及全生育期单位面积的总灌水量或总灌水深度，比如：浙江省的杭嘉湖平原区灌溉保证率75%，采用淹灌的方式时的灌溉定额为355m³/亩。

16. 综合灌水定额

综合灌水定额是指灌区内同一时期各种作物灌水定额按种植面积的加权平均值。

17. 复种指数

复种指数是指全年内各种农作物种植面积之和与耕地面积的比值。

18. 地面灌溉

地面灌溉是指采用沟畦等地面设施对作物进行灌水的方式。

19. 喷灌

喷灌是指喷洒灌溉的简称，指利用专门设备将有压水流通过喷头以均匀喷洒方式进行灌溉的方法。

20. 滴灌

滴灌是指利用专门灌溉设备以水滴浸润土壤表面和作物根区的灌水方法。

21. 微喷灌

微喷灌是指利用专门灌溉设备将有压水送到灌溉地段并以微小水量喷洒灌溉的方法。

22. 地下灌溉

地下灌溉是指借助工程设施将水送入地面以下并从缝隙或孔洞抑或专用灌水器渗出以浸润根层土壤的灌水方法，又称渗灌。

23. 灌溉管道系统

灌溉管道系统是指通过各级管道从水源把水送往田间的灌溉管道网络。

24. 用水者协会

用水者协会是指由一个区域内用水者组成并有管理条例，经有关部门批准的具有独立法人地位的民间组织。

第三节　农　村　供　水

1. 集中式供水

集中式供水是指由水厂统一取水净化后，集中用管道输配至用水点的供水方式。

2. 工程责任主体

工程责任主体一般为工程的产权所有者。

3. 工程管护主体

工程管护主体是指负责工程日常运行管理和维修养护的责任单位或个人。

4. 供水水源

供水水源是指供水工程所取用的地表和地下原水的统称。

5. 饮用水安全

饮用水安全是指农村居民能够及时、方便地获得足量、洁净、负担得起的生活饮用水。

6. 日常巡查保养

日常巡查保养是指检查供水设备设施的运行状况，使设备设施完好、环境清洁卫生，传动部件按规定润滑。

7. 定期维护

定期维护是指在规定时间内，对设备和设施进行专业性的检查、清扫、维修、测试，对异常情况及时检修或安排计划检修；全面强制性的检修宜列入年度计划。

8. 大修

大修是指有计划地对设备和设施进行全面检修，对易损或重要部件进行修复或更换，使其恢复到良好的运行状态。

9. 供水保证率

供水保证率是指预期供水量在多年供水中能够得到充分满足的年数出现的概率，农村供水的供水保准率一般不得低于95％。

10. 水质检测（监测）合格

水质检测（监测）合格是指供水水质经检测（监测）符合《生活饮用水卫生标准》。

11. 供水水压合格率

供水水压合格率是指符合规范要求的供水管网干线、末梢的水压力测点个数与总测点个数之比。

12. 管网漏损率

管网漏损率是指管网漏水量与供水总量之比。

13. 设备完好率

设备完好率是指完好的制水、供水设备与全部生产设备之比。

14. 管网修漏及时率

管网修漏及时率是指用水户水表之前的管道损坏后修理及时的程度。及时修理的标准为：明漏自报漏后及时采取措施止水，暗漏自检测并确定位置后及时止水，于24h内开始修理的均算及时。突发性的爆管、折断事故应于12h内及时止水抢修。

15. 水费回收率

水费回收率是指实际收回水费与应收水费之比。

16. 抄表到户率

抄表到户率是指抄表的户数与总户数之比。

17. 冲洗周期

冲洗周期是指滤池冲洗完成后，从开始运行到再次冲洗的间隔时间。

第四节　水　工　建　筑　物

一、水利枢纽

为改变水资源在时间、空间上分布不均的自然状况，综合利用水资源以达到防洪、灌溉、发电、引水航运等目的，需修建水利工程。水利工程中常采用单个或若干个不同作用、不同类型的建筑物来调控水流，以满足不同部门对水资源的需求。这些为兴水利、除水害而修建的建筑物称为水工建筑物。而由不同类型的水工建筑物组成、集中兴建、协同运行的综合水工建筑物群体称为水利枢纽。水利枢纽常以其形成的水库或主体工程——坝、水电站的名称来命名，如密云水库、罗贡坝、新安江水电站等。图 2-1 为三峡水利枢纽。

二、水工建筑物

为控制调节水流、防治水患和开发利用水资源而兴建的承受水作用的建筑物称水工建筑物。按功能有如下类型：

图 2-1　三峡水利枢纽

（1）挡水建筑物，如各种坝、水闸、堤和海塘。图 2-2 为挡水建筑物——翻板门。

（2）泄水建筑物，如各种溢流坝、岸边溢洪道、泄水隧洞、分洪闸。

（3）进水建筑物，也称取水建筑物，如进水闸、深式进水口、泵站。

（4）输水建筑物，如引（供）水隧洞、渡槽、输水管道、渠道。

（5）河道整治建筑物，如丁坝、顺坝、潜坝、护岸、导流堤。

图 2-2　挡水建筑物——翻板门

三、工程等别和建筑物级别

为了使水利工程建设达到既安全又经济，遵循水利工程建设的自然规律和经济规律，应在一定经济发展水平的基础上，对规模、效益不同的水利水电工程进行区别对待。在工程实践中，首先根据工程项目的规模、效益及其在国民经济中的重要性将其分等，根据水利部发布的《水利水电工程等级划分及洪水标准》（SL252—2017），水利水电工程按其工程规模、效益及在国民经济中的重要性划分为五个等别。然后，再根据枢纽中各水工建筑物的作用大小及重要性，对建筑物进行分级，按规范规定水工建筑物分为5个级别，1级最高，在设计、施工和管理时的标准最高，当然建设费用也高。

四、水库

水库，指在山沟或河流的狭口处建造拦河坝形成的人工湖泊。水库建成后，可起防洪、蓄水灌溉、供水、发电、养鱼等作用。水库规模类型划分见表2-1。

表2-1 水库规模划分标准

水库类型	塘坝	小型水库		中型水库	大型水库	
		小（2）型	小（1）型		大（2）型	大（1）型
总库容	小于10万 m³	10万～100万 m³	100万～1000万 m³	1000万～1亿 m³	1亿～10亿 m³	大于10亿 m³

（一）水库特征水位与特征库容

水库特征水位与特征库容的关系如图2-3所示。

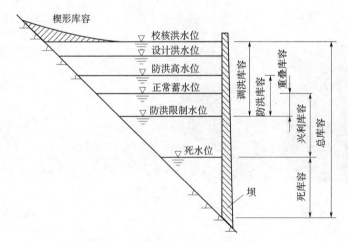

图2-3 特征水位与特征库容关系图

1. 正常蓄水位与兴利库容

水库在正常运用情况下，为满足兴利要求在开始供水时应蓄到的水位，称正常蓄水位，又称正常高水位、兴利水位，或设计蓄水位。它决定水库的规模、效益和调节方式，也在很大程度上决定水工建筑物的尺寸、形式和水库的淹没损失，是水库最重要的一项特征水位。当采用无闸门控制的泄洪建筑物时，它与泄洪堰顶高程相同；当采用有闸门控制的泄洪建筑物时，它是闸门关闭时允许长期维持的最高蓄水位，也是挡水建筑物稳定计算的主要依据。正常蓄水位至死水位之间的水库容积称为兴利库容，即调节库容，用以调节径流，提供水库的供水量。

2. 死水位与死库容

水库在正常运用情况下，允许消落到的最低水位，称死水位，又称设计低水位。死水位以下的库容称为死库容，也叫垫底库容。死库容的水量除遇到特殊的情况外（如特大干旱年），它不直接用于调节径流。

3. 防洪限制水位与重叠库容

水库在汛期允许兴利蓄水的上限水位，也是水库在汛期防洪运用时的起调水位，称防洪限制水位。防洪限制水位的拟定，关系到防洪和兴利的结合问题，要兼顾两方面的需要。如汛期内不同时段的洪水特征有明显差别时，可考虑分期采用不同的防洪限制水位。正常蓄水位至防洪限制水位之间的水库容积称为重叠库容，也叫共用库容。此库容在汛期腾空，作为防洪库容或调洪库容的一部分。

4. 防洪高水位与防洪库容

水库遇到下游防护对象的设计标准洪水时，在坝前达到的最高水位，称防洪高水位。只有当水库承担下游防洪任务时，才需确定这一水位。此水位可采用相应下游防洪标准的各种典型洪水，按拟定的防洪调度方式，自防洪限制水位开始进行水库调洪计算求得。防洪高水位至防洪限制水位之间的水库容积称为防洪库容。它用以控制洪水，满足水库下游防护对象的防洪要求。

5. 设计洪水位与拦洪库容

水库遇到大坝的设计洪水时，在坝前达到的最高水位，称设计洪水位。它是水库在正常运用情况下允许达到的最高洪水位。也是挡水建筑物稳定计算的主要依据，可采用相应大坝设计标准的各种典型洪水，按拟定的调度方式，自防洪限制水位开始进行调洪计算求得。它至防洪限制水位之间的水库容积称为拦洪库容。

6. 校核洪水位与调洪库容

水库遇到大坝的校核洪水时，经水库调洪后，在坝前达到的最高水位，称校核洪水位。它是水库在非常运用情况下，允许临时达到的最高洪水位，是确定大坝顶高及进行大坝安全校核的主要依据。此水位可采用相应大坝校核标准的各种典型洪水，按拟定的调洪方式，自防洪限制水位开始进行调洪计算求得。校核洪水位至防洪限制水位之间的水库容积称为调洪库容。它用以拦蓄洪水，在满足水库下游防洪要求的前提下保证大坝安全。

7. 总库容

校核洪水位以下的水库容积称为总库容。它是一项表示水库工程规模的代表性指标，可作为划分水库等级、确定工程安全标准的重要依据。

(二) 大坝

挡水建筑物的代表形式就叫坝，主要起着隔断水流的作用，可分为土石坝、重力坝、拱坝等。小型工程大多是土石坝。

土石坝主要包括土坝、堆石坝、土石混合坝等，又统称为当地材料坝。它具有就地取材、节约水泥、对坝址地基条件要求较低等优点。

土石坝枢纽通常有大坝、溢洪道和放水设施三部分组成，如图 2-4、图 2-5 所示。

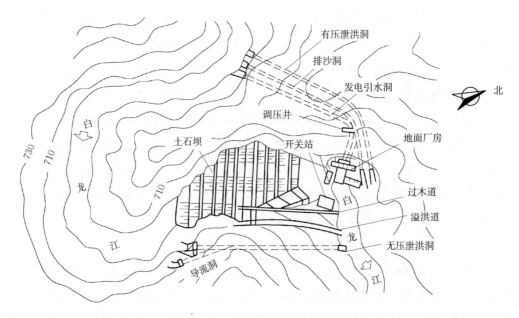

图 2-4 土石坝枢纽的组成 (一)

大坝部分由坝体、防渗体、排水体、护坡等 4 部分组成。

（1）坝体：坝的主要组成部分，坝体在水压力与自重作用下主要靠坝体自重维持稳定。

（2）防渗体：主要作用是减少自上游向下游的渗透水量，一般有心墙、斜墙、铺盖等，也有坝体直接防渗的，这类坝被称之为均质坝。图 2-6 为黏土斜墙防渗，也称之为斜墙坝。

（3）排水体：主要作用是引走由上游渗向下游的渗透水，增强下游护坡的稳定性。排水体有棱体排水、贴坡排水和综合排水之分，图 2-6 的排水形式为贴坡排

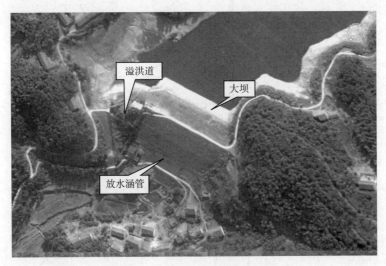

图 2-5　土石坝枢纽的组成（二）

水，但比常规的贴坡排水的厚度要大。

（4）护坡：防止波浪、冰层、温度变化和雨水径流等对坝体的破坏。护坡的形式很多，上游护坡大多采用干砌石、混凝土或混凝土预制块，下游护坡有干砌石、草皮护坡等多种形式。图 2-6 的上游护坡为混凝土预制块护坡，而下游护坡采用的是草皮护坡。

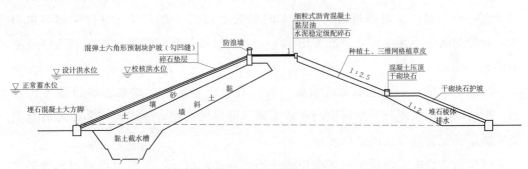

图 2-6　土石坝典型断面图

土石坝枢纽中的溢洪道一般均修建在河岸，也称河岸溢洪道。对于小型工程（如山塘），以开敞式溢洪道居多，其主要作用是宣泄水库内多余的洪水。正槽溢洪道一般由进水渠段、控制段、泄槽段、消能防冲设施和出水渠等部分组成，见图 2-7。

泄槽的水流特点是高速、紊乱、掺气、惯性大，对边界变化非常敏感。当边墙有转折时，就会产生缓冲击波，对下游消能产生不利影响。

为了保护槽基不受冲刷和风化，泄槽一般都要进行衬砌，尤其是靠坝侧挡墙。并且要求衬砌表面平整光滑，避免槽面产生负压和空蚀；接缝处止水可靠，防止高速水流钻入缝内将衬砌掀动；排水畅通，有效降低衬砌底面的扬压力而增加衬砌的稳定性。

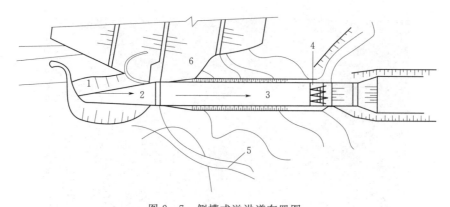

图 2-7 侧槽式溢洪道布置图

1—溢流堰；2—侧槽；3—泄水槽；4—消能段；5—上坝公路；6—土石坝

泄槽一般采用混凝土衬砌，流速不大的中小型工程也可以采用水泥砂浆或细石混凝土砌石衬砌，但应适当控制砌体表面的平整度。

衬砌的厚度主要是根据工程规模、流速大小和地质条件决定。目前，衬砌厚度的确定尚未形成成熟的计算方法和公式，在工程应用中主要还是采用工程类比法确定，一般取 0.4~0.5m，不应小于 0.3m。当单宽流量或流速较大时，衬砌厚度应适当加厚，甚至可达 0.8m。

为了控制温度裂缝的发生，除了配置温度钢筋外，泄槽衬砌还需要在纵、横方向分缝，并与堰体及边墙贯通。岩基上的混凝土衬砌，由于岩基对衬砌的约束力大，分缝的间距不宜太大，一般采用 10~15m，衬砌较薄时对温度影响较敏感应取小值。

溢洪道泄洪，一般是单宽流量大、流速高、能量集中，如果消能设施考虑不当，出槽的高速水流与下游河道的正常水流不能妥善衔接，下游河床和岸坡就会遭受冲刷，甚至会危及溢洪道的安全。

河岸溢洪道的消能设施一般采用挑流消能或底流消能，有时也可采用其他形式的消能措施，当地形地质条件允许时，优先考虑挑流消能，以节省消能防冲设施的工程投资。

放水设施一般有隧洞、坝下涵管和虹吸管等形式。

隧洞安全可靠，多用于大中型水库中。

对于小型的土石坝。通常在土坝或土石坝下面埋设洞形或管形的建筑物，这类建筑物称坝下埋管，又称坝下涵管，如图 2-8 所示。

由于坝下埋管置于坝下，穿坝而过，它的破坏直接威胁着大坝的安全，所以在高水头、大流量、基础差的情况下，其安全性低。据国内外土石坝失事的调查资料分析，坝下埋管的缺陷是引起土石坝失事的重要原因之一。因此，在实施中一般要

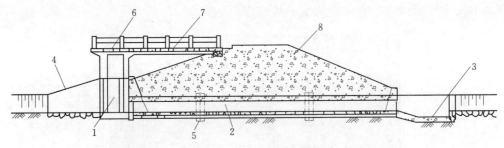

图 2-8　坝下涵管示意图

1—进口；2—洞身；3—出口消能段；4—八字墙；5—截渗环；

6—自闭台；7—工作桥；8—土石坝

求坝下埋管坐落在岩基上。

当水库最低水位和坝顶高差相差不大时，可以采用虹吸管进行放水。虹吸管是利用水的重力和大气压力使水越过坝顶达到较低大坝下游的最简单的装置，如图 2-9 所示。

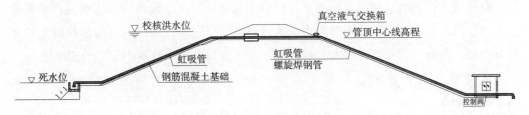

图 2-9　虹吸管布置示意图

要保证虹吸管能连续正常的出水，一般应满足如下的要求：

（1）水库最低运行水位和管顶之间的高差小于 7m。

（2）虹吸管的进出口高差应大于管道的水头损失，并留有 1m 以上的安全余量。

（3）虹吸管管身不漏气。

（4）虹吸管进口的淹没水深不小于 1.5 倍的进口直径。

（5）虹吸管出口能淹没在出水池的水位以下。

五、堤防

堤防是指为防洪保护岸坡、防止波浪和水流的侵蚀及围海（湖）造田，沿河、渠、湖、海边缘人工修筑的堤岸。面向下游时河流的左方边界称左岸；面向下游时河流的右方边界称右岸；河谷行水、输沙的部分称河槽（河床）；垂直于河道断面平均流向或中泓线横截河流，以自由水面和湿周为界的剖面称河道横断面；河流从上游至下游沿深泓线所切取的河床和自由水面线间的剖面称河道纵断面；沿水流方向，单位水平距离内铅直方向的落差称比降，如图 2-10 所示。

图 2-10　河道布置示意图

六、水闸

由闸墩支撑的闸门控制流量调节水位的中低水头的水工建筑物称为水闸。水闸是一种具有挡水和泄水双重作用的低水头水工建筑物。它通过闸门的启闭来控制水位和调节流量，在防洪、灌溉、排水、航运和发电等水利工程中有着十分广泛的应用。

水闸可分为进水闸、节制闸、分洪闸、排水闸、挡潮闸、冲沙闸等，如图 2-11所示。

（1）进水闸（分水闸）。进水闸是用来从河道、湖泊、水库引取水流，一般建于引水渠道的首部。位于干渠首部的进水闸又称渠首闸或引水闸。位于支、斗渠首部的进水闸通常称分水闸、斗门。

（2）节制闸。节制闸一般横跨干、支渠，且位于下一级渠道分水口附近的下游，用以控制水位、流量，满足下一级渠道引水时对水位、流量的要求。修建在河道上的节制闸又叫拦河闸。枯水时期利用闸门拦蓄水量，抬高闸上水位，调节流量；洪水时期则打开闸门，宣泄洪水。

（3）分洪闸。分洪闸设在分洪道的进口，当河道下游段过水能力不足，或下游有重要区域或建筑物需要重点保护时，常开辟分洪道宣泄部分或全部洪水，以确保下游河（渠）段的安全。

（4）排水闸。排水闸一般修在江河沿岸排水沟或河道末端，用以排除江、河两岸低洼地区的渍水及防止江、河洪水倒灌，有时还要发挥蓄水和引水的作用。故排水闸闸底高程常较低而闸身较高且具有双向承受水头的作用。

（5）挡潮闸。挡潮闸修建在沿海感潮河段上，由于受潮水的顶托，夏秋雨季排水易受阻；且河中淡水保持困难。为了挡潮、排水和蓄淡的目的。与排水闸一样挡潮闸也具有双向承受水头的作用。

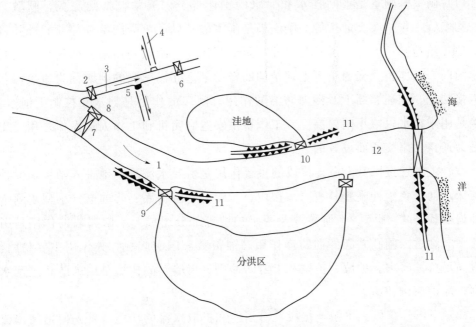

图 2-11 水闸分类示意图

1—河道；2—进水闸；3—干渠；4—支渠；5—分水闸；6—节制闸；7—拦河闸；8—冲沙闸；

9—分洪闸；10—排水闸；11—堤防；12—挡潮闸

（6）冲沙闸。冲沙闸是用来排除进水闸或拦河（节制）闸前淤积的泥沙，减少泥沙入渠，是引水枢纽中的一个重要组成部分。

水闸一般由上游连接段、闸室段和下游连接段三部分组成，如图 2-12 所示。

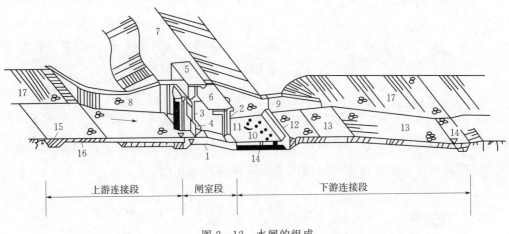

图 2-12 水闸的组成

1—闸室底板；2—闸墩；3—胸墙；4—闸门；5—工作桥；6—交通桥；7—堤顶；

8—上游翼墙；9—下游翼墙；10—护坦；11—排水孔；12—消力坎；13—海漫；

14—下游防冲槽；15—上游防冲槽；16—上游护底；17—上、下游护坡

（1）闸室。闸室是水闸挡水和泄水的主体部分。通常包括闸底板、闸墩、闸门、胸墙、工作桥及交通桥等。闸底板是闸室的基础，承受闸室全部荷载，并将其均匀地传给地基，此外，还具有防冲、防渗等作用。闸墩是用来分隔闸孔，同时起支承闸门、工作桥及交通桥等上部结构的作用。边孔靠岸侧的闸墩称为边墩，若边墩直接挡土，则还有挡土及侧向防渗的作用。闸门的作用是挡水和控制下泄水流。胸墙是用来挡水以减小闸门高度。工作桥供安置启闭机和工作人员操作之用。交通桥是为连接两岸交通而设置的。

（2）上游连接段。上游连接段的主要作用是引导水流平顺地进入闸室，保护上游河床及河岸免遭冲刷并具有防渗作用。一般有上游护底、防冲槽（小型水闸常以防冲齿墙代替）、铺盖、上游翼墙及两岸护坡等部分组成。上游翼墙的作用是引导水流平顺地进入闸孔并起侧向防渗作用。铺盖紧靠闸室底板，其作用主要是防渗，但应满足抗冲要求。护坡、护底和上游防冲槽（齿墙）的作用是用来防止进闸水流冲刷、保护河床和铺盖。

（3）下游连接段。下游连接段具有消能和扩散水流的功能。首先使出闸水流形成水跃消能，然后再使水流平顺地扩散，以防止闸后发生有害的冲刷。下游连接段通常包括护坦、海漫、下游防冲槽（齿墙）以及下游翼墙与护坡等。下游翼墙导引水流均匀扩散兼有防冲及侧向防渗作用。下游护坡作用与上游护坡相同。护坦紧接闸室，是消减水流动能的主要措施并兼有防冲作用。海漫的作用是继续消除护坦出流的剩余动能、扩散水流，并调整流速分布、防止河床遭冲刷。下游防冲槽（齿墙）是海漫末端的防护设施，防止下游河床冲刷坑向上游发展。

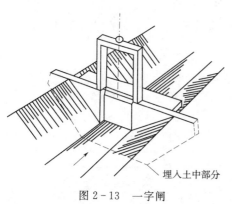

埋入土中部分

图 2-13 一字闸

灌排渠系田间小闸，由于水头很低，也可做成护坡一字闸式，如图 2-13 所示。闸室不改变渠道断面，上、下游可以不做进出口连接段，但要做好防冲刷保护。闸室后作防冲消能工，闸室深埋一字墙主要起防渗和稳定作用。

七、橡胶坝

由高强度的合成纤维织物受力骨架与橡胶构成，锚固在基础底板上，形成密封袋形，充入水或气，形成水坝称为橡胶坝，见图 2-14。

橡胶坝由上游连接段、橡胶坝段、下游连接段和橡胶坝控制系统等四部分组

图 2-14　橡胶坝枢纽

成，如图 2-14 所示。其中：上、下游连接段的作用和设计方法同水闸的上、下游连接段；橡胶坝段有橡胶坝袋、底垫片、锚固系统、充排水管和坝基等组成，其主要作用是控制水位和下泄流量；控制系统由水泵（鼓风机或空压机）、机电设备、传感器、管道和阀门等组成，水泵（鼓风机或空压机）、机电设备和阀门一般都布置在专门的水泵房内，主要作用是控制橡胶坝的高度。

橡胶坝最大的缺点是橡胶坝袋容易被撕裂，从而失去挡水作用。

八、水力自控翻板门

水力自控翻板门主要由闸门板、转动铰、支墩和底板组成，见图 2-2。利用水力和闸门板重力的作用自行启闭。当上游水位升高到闸门顶以上一定的高度（安装时预先设置好）时，闸门自动翻倒，宣泄洪水；当水位降到预先设置的高程后，闸门复原，恢复挡水状态。

水力自控翻板门管理方便、结构简单、施工速度快、造价较低，且抗震性能好，在中小河流上使用的越来越多。其主要缺点是在闸门翻倒时，对下游会形成人造洪峰，是一个安全隐患。

九、渠道灌溉系统

由各级灌溉渠道和退（泄）水渠道组成灌溉系统成为渠道灌溉系统，其固定渠道一般分为干渠、支渠、斗渠、农渠四级，小型灌区可能是其中二级或三级，见图 2-15。

常用的渠道断面形式有矩形、梯形和 U 形。

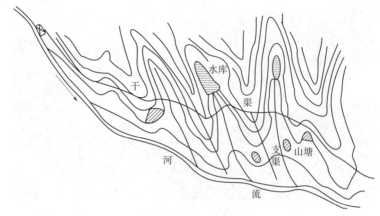

图 2-15　渠系布置示意图

矩形断面的渠道施工简单，占地面积小，但造价较高，如图 2-16 所示。

图 2-16　渠道浆砌块石矩形断面

梯形断面衬砌工程造价相对较低，但占地较多，如图 2-17 所示。

图 2-17　渠道预制混凝土板梯形衬砌断面

U 形断面的水力条件好，过水能力强，造价不高，但技术要求相对较高，对于小断面渠道应给予大力推广，如图 2-18 所示。

图 2-18　渠道 U 形断面图

在渠道上加个盖板就可以理解为管道输水。管道输水是一个发展趋势，即节约用地，又方便管理，但是造价较高，如果发生淤积，清淤比较困难。因此，在山丘区地面有较大的坡降，水质含泥量低时，采用管道输水可以扬长避短，如图 2-19 所示。

图 2-19　低压管道输水布置图

第五节　水　灾　害

一、洪涝灾害

洪涝灾害可分为洪灾、涝灾、渍害。

洪灾是由于江、河、湖、库水位猛涨，堤坝漫溢或溃决，使客水入境而造成的灾害。洪灾除对农业造成重大灾害外，还会造成工业甚至生命财产的损失，是威胁人类生存的十大自然灾害之一，如图 2-20 所示。

图 2-20 洪灾

涝灾是由于雨水过多或灌溉水过多造成积水形成的灾害。在多雨季节，江河、湖泊多处于高水位，如果没有抽水排水的设施，低洼地的积水就不能及时排出，造成长时间的受淹，致使农作物减产或者财物毁坏（地下车库被淹造成汽车受损，长期浸泡使建筑物强度降低，甚至倒塌等），如图 2-21 所示。

图 2-21 涝灾

渍害是由于地下水位过高，作物根系或建筑物基础周围的土壤长期处于饱和状态，因作物缺氧而生长缓慢甚至死亡。减少或根治渍害的办法是开沟排水，降低地下水位。

洪涝灾害不但破坏环境、造成经济损失还会污染水源和食品、滋生媒介生物、引发多种传染病。

洪水泛滥，淹没了农田、房舍和洼地，致使灾区人民大规模地迁移；各种生物群落也因洪水淹没引起群落结构的改变和栖息地的变迁，从而打破原有的生态平衡。野鼠有的被淹死，有的向高地、村庄迁移，野鼠和家鼠的比例结构发生变化；洪水淹没村庄的厕所、粪池，大量动植物尸体腐败，引起蚊蝇孳生和各种害虫的聚集。

洪涝灾害使供水设施和污水排放条件遭到不同程度的破坏，如厕所、垃圾堆、禽畜棚舍被淹，可造成井水和自来水水源污染，大量漂浮物及动物尸体留在水面，受高温、日照的作用后，腐败逸散恶臭。这些水源污染以生物性污染为主，主要反映在微生物指标的数量增加，饮用水安全性降低，易造成肠道传染病的暴发和流行。

洪水还将地面的大量泥沙冲入水中，使水体感官性状差、混浊、有悬浮物等。一些城乡工业发达地区的工业废水、废渣、农药及其他化学品未能及时搬运和处理，受淹后可导致局部水环境受到化学污染，或者个别地区储存有毒化学品的仓库被淹，化学品外泄造成较大范围的化学污染。洪涝灾害期间，食品污染的途径和来源非常广泛，对食品生产经营的各个环节产生严重影响，常可导致较大范围的食物中毒事件和食源性疾病的暴发。

灾害后期由于洪水退去后残留的积水坑洼增多，使蚊类滋生场所增加，导致蚊虫密度迅速增加，加之人们居住的环境条件恶化、人群密度大、人畜混杂，防护条件差，被蚊虫叮咬的机会增加而导致蚊媒病的发生。在洪水地区，人群与家禽、家畜都聚居在高处，粪便、垃圾不能及时清运，生活环境恶化，为蝇类提供了良好的繁殖场所，促使成蝇密度猛增，蝇与人群接触频繁，蝇媒传染病发生的可能性增大。洪涝期间由于鼠群往高地迁移，因此，导致家鼠、野鼠混杂接触，与人接触机会也多，有可能造成鼠源性疾病暴发和流行。

由于洪水淹没了某些传染病的疫源地，使啮齿类动物及其他病原宿主迁移和扩大，易引起某些传染病的流行。出血热是受洪水影响很大的自然疫源性疾病，洪涝灾害对血吸虫的疫源地也有直接的影响，如因防汛抢险、堵口复堤的抗洪民工与疫水接触，常暴发急性血吸虫病。洪涝灾害改善生态环境，扩大了病媒昆虫孳生地，各种病媒昆虫密度增大，常导致某些传染病的流行，疟疾是常见的灾后疾病。由于洪水淹没或行洪，一方面使传染源转移到非疫区，另一方面使易感人群进入疫区，这种人群的迁移极易导致疾病的流行。其他如眼结膜炎、皮肤病等也可因人群密集和接触，增加传播机会。洪水毁坏住房，灾民临时居住于简陋的帐篷之中，白天烈日暴晒易致中暑，夜晚易着凉感冒，年老体弱、儿童和慢性病患者更易患病。

洪涝灾害的防治工作包括两个方面：一方面减少洪涝灾害发生的可能性；另一方面尽可能使已发生的洪涝灾害的损失降到最低。加强堤防建设、河道整治以及水库工程建设是避免洪涝灾害的直接措施，长期持久地推行水土保持可以从根本上减少发生洪涝的机会。切实做好洪水、天气的科学预报与滞洪区的合理规划可以减轻洪涝灾害的损失。建立防汛抢险的应急体系，是减轻灾害损失的最后措施。

二、台风

台风是热带气旋的一个类别，发生在西北太平洋和中国南海，12级或以上的热带气旋称为台风，中心附近最大风力14～15级的称为强台风，16级及以上的称为超强台风。

台风经过时常伴随着大风和暴雨或特大暴雨等强对流天气。风向在北半球地区呈逆时针方向旋转（在南半球则为顺时针方向）。在气象图上，台风的等压线和等温线近似为一组同心圆。台风中心为低压中心，以气流的垂直运动为主，风平浪静，天气晴朗；台风眼附近则为漩涡风雨区，风大雨大。

台风能带来大量的降水，对缓解我国的旱情大有好处，但是大风暴雨带来的危害也是巨大的，如图2-22所示。

|（a）电线杆倒塌 |（b）电线杆折断 |
|（c）泥石流 |（d）淹没城镇 |

图 2-22　台风灾害

台风的主要危害是强风、暴雨和风暴潮。强大风力极易倾覆海上船只、摧毁陆上建筑物、毁坏农作物。台风暴雨极易引发洪涝和次生灾害特别是小流域山洪与地质灾害。风暴潮若与天文大潮高潮位相遇，产生特高潮位，会导致潮水漫溢，海堤溃决，冲毁房屋和各类建筑设施，淹没城镇和农田等。

三、旱灾

旱灾是指由于天然降水和人工灌溉补水不足，致使土壤水分欠缺，不能满足农作物、林果和牧草生长的需要，造成减产甚至绝产的灾害，如图 2-23 所示。

图 2-23　旱灾

旱灾造成的减产或歉收从而带来粮食问题，甚至引发饥荒。同时，旱灾亦可令人类及动物因缺乏足够的饮用水而致死。此外，旱灾后则容易发生蝗灾，进而引发更严重的饥荒，导致社会动荡。近几年我国十分重视农田水利的基础设施建设，是应对旱灾最重要的举措之一。

根据旱情的程度，将干旱等级划分如下：

小旱：连续无降雨天数，春季达 16～30 天，夏季达 16～25 天，秋冬季达 31～50 天。

中旱：连续无降雨天数，春季达 31～45 天，夏季达 26～35 天，秋冬季达 51～70 天。

大旱：连续无降雨天数，春季达 46～60 天，夏季达 36～45 天，秋冬季达 71～90 天。

特大旱：连续无降雨天数，春季在 61 天以上，夏季在 46 天以上，秋冬季在 91 天以上。

防止或减少旱灾的主要措施是：①兴修水利，发展农田灌溉事业；②改进耕作制度，改变作物构成，选育耐旱品种，充分利用有限的降雨；③植树造林，改善区域气候，减少蒸发，降低干旱风的危害；④研究应用现代技术和节水措施，例如人工降雨、喷滴灌、地膜覆盖、保墒，以及暂时利用质量较差的水源，包括劣质地下水或海水等。

四、泥石流

泥石流是指在山区或者其他沟谷深壑、地形险峻的地区，因为暴雨暴雪或其他自然灾害引发的山体滑坡并携带有大量泥沙以及石块的特殊洪流。泥石流具有突然性以及流速快、流量大、物质容量大和破坏力强等特点。发生泥石流时常常会冲毁公路、铁路等交通设施甚至村镇等，造成巨大损失，如图2-24所示。

图2-24 泥石流

泥石流是暴雨、洪水将含有砂石且松软的土质山体经饱和稀释后形成的洪流，它的面积、体积和流量都较大，而滑坡是经稀释土质山体小面积的区域。典型的泥石流由悬浮着粗大固体碎屑物并富含粉砂及黏土的黏稠泥浆组成。在适当的地形条件下，大量的水体浸透流水山坡或沟床中的固体堆积物质，使其稳定性降低，饱含水分的固体堆积物质在自身重力作用下发生运动，就形成了泥石流。泥石流是一种灾害性的地质现象。泥石流暴发突然、来势凶猛，可携带巨大的石块。因其高速前进，具有强大的能量，因而破坏性极大。

泥石流形成的全过程一般只有几个小时，短的只有几分钟。泥石流是一种在世界各国都有发生的具有特殊地形、地貌状况地区的自然灾害，是山区沟谷或山地坡面上，由暴雨、冰雪融化等水源激发的、含有大量泥沙石块的介于挟沙水流和滑坡之间的土、水、气混合流。泥石流大多伴随山区洪水而发生。它与一般洪水的区别是洪流中含有足够数量的泥沙石等固体碎屑物，其体积含量最少为15%，最高可达

80%左右，因此比洪水更具有破坏力。

泥石流的主要危害是冲毁城镇、企事业单位、工厂、矿山、乡村，造成人畜伤亡，破坏房屋及其他工程设施，破坏农作物、林木及耕地。此外，泥石流有时也会淤塞河道，不但阻断航运，还可能引起水灾。图 2-25 为 2008 年舟曲泥石流。

图 2-25 舟曲泥石流

（一）诱发泥石流的原因

1. 自然原因

岩石的风化是自然状态下既有的，在这个风化过程中，既有氧气、二氧化碳等物质对岩石的分解，也有因为降水中吸收了空气中的酸性物质而产生的对岩石的分解，也有地表植被分泌的物质对土壤下的岩石层的分解，还有就是霜冻对土壤形成的冻结和溶解造成的土壤的松动。这些原因都能造成土壤层的增厚和松动。

2. 不合理开挖

修建铁路、公路、渠道以及其他工程建筑的不合理开挖。有些泥石流就是在修建公路、渠道、铁路以及其他建筑活动，破坏了山坡表面而形成的。如香港多年来修建了许多大型工程和地面建筑，几乎每个工程都要劈山填海或填方，才能获得合适的建筑场地。1972 年一次暴雨，使正在施工的挖掘工程现场 120 人死于滑坡造成的泥石流。

3. 不合理的弃土、弃渣、采石

这种行为形成的泥石流的事例很多。如四川省冕宁县泸沽铁矿汉罗沟，因不合理堆放弃土、矿渣，1972 年一场大雨引发了矿山泥石流，冲出松散固体物质约 10 万 m^3，淤埋成昆铁路 300m 和喜（德）—西（昌）公路 250m，中断行车，给交通运输带来严重损失。

4. 滥伐乱垦

滥伐乱垦会使植被消失、山坡失去保护、土体疏松、冲沟发育，大大加重水土流失，进而山坡的稳定性被破坏，崩塌、滑坡等不良地质现象发育，结果就很容易产生泥石流。例如甘肃省白龙江中游现在是我国著名的泥石流多发区，而在1000多年前，那里竹树茂密、山清水秀，后因伐木烧炭，烧山开荒，森林被破坏，才造成泥石流泛滥。又如甘川公路石坳子沟山上大耳头，原是森林区，因毁林开荒，1976年发生泥石流毁坏了下游村庄、公路，造成人民生命财产的严重损失。当地群众说："山上开亩荒，山下冲个光"。

5. 次生灾害

由于地震灾害过后经过暴雨或山洪稀释大面积的山体后发生的洪流比比皆是，如汶川地震引发的泥石流。

（二）防范泥石流的措施

1. 房屋不要建在沟口和沟道上

受自然条件限制，很多村庄建在山麓扇形地上。山麓扇形地是历史泥石流活动的见证，从长远的观点看，绝大多数沟谷都有发生泥石流的可能。因此，在村庄选址和规划建设过程中，房屋不能占据泄水沟道，也不宜离沟岸过近，已经占据沟道的房屋应迁移到安全地带。在沟道两侧修筑防护堤、营造防护林，可以避免或减轻因泥石流溢出沟槽而对两岸居民造成的伤害。

2. 不能把冲沟当做垃圾排放场

在冲沟中随意弃土、弃渣、堆放垃圾，将给泥石流的发生提供固体物源、促进泥石流活动；当弃土、弃渣量很大时，可能在沟谷中形成堆积坝，堆积坝溃决时必然发生泥石流。因此，在雨季到来之前，最好能主动清除沟道中的障碍物，保证沟道有良好的泄洪能力。

3. 保护和改善山区生态环境

泥石流的产生和活动程度与生态环境质量有密切关系。一般来说，生态环境好的区域，泥石流发生的频度低、影响范围小；生态环境差的区域，泥石流发生频度高、危害范围大。提高小流域植被覆盖率，在村庄附近营造一定规模的防护林，不仅可以抑制泥石流形成、降低泥石流发生频率，而且即使发生泥石流，也多了一道保护生命财产安全的屏障。

4. 雨季不要在沟谷中长时间停留

雨天不要在沟谷中长时间停留；一旦听到上游传来异常声响，应迅速向两岸上坡方向逃离。雨季穿越沟谷时，先要仔细观察，确认安全后再快速通过。山区降雨普遍具有局部性特点，沟谷下游是晴天，沟谷上游不一定也是晴天，"一山分四季，十里不同天"就是群众对山区气候变化无常的生动描述，即使在雨季的晴天，同样也要提防泥石流灾害。

5. 做好泥石流监测预警

监测流域的降雨过程和降雨量（或接收当地天气预报信息），根据经验判断降雨激发泥石流的可能性；监测沟岸滑坡活动情况和沟谷中松散土石堆积情况，分析滑坡堵河及引发溃决型泥石流的危险性，下游河水突然断流，可能是上游有滑坡堵河、溃决型泥石流即将发生的前兆；在泥石流形成区设置观测点，发现上游形成泥石流后，及时向下游发出预警信号。对城镇、村庄、厂矿上游的水库和尾矿库经常进行巡查，发现坝体不稳时，要及时采取避灾措施，防止坝体溃决引发泥石流灾害。

第六节　管　　理

1. 招标

建设项目的主管部门或建设单位运用竞争机制选择工程建设承包单位的一项经济活动，分公开招标和邀请招标两种。

2. 投标

承包单位按照招标要求提出标价以期取得承包任务的经济活动。

3. 标书

由发包单位编制提供投标单位进行投标报价以及作为双方签订工程承包合同依据的主要招标文件。

4. 标底

发包单位编制的工程建设项目实行招标方式的内部控制价格。

5. 开标

招标活动中公开宣读各投标单位投标报价的程序。

6. 评标

开标后对合格的投标书进行分析比较以选定中标单位的程序。

7. 中标

投标者在经过评标后被选定为承包单位的结果。

8. 议标

发包单位直接与承包单位就发包项目进行协商取得协议后即签订正式承包合同的一种非竞争性招标方式。

9. 承包合同

确定发包与承包双方的权利与义务并受法律保护的契约性文件。

10. 投标保证金

用于防止投标者中标后不签订合同而由投标者向招标者交付的经济担保金。

11. 履约保证金

承包者以一定资金额来保证其有能力完成承包合同规定任务的经济担保金。

12. 总包合同

施工企业承包一个工程项目的全部建设任务并直接对建设单位负责的承包方式。

13. 分包合同

总包施工单位在征得建设单位同意后将工程项目中的一部分转包给其他施工单位的承包方式，分包单位只对总包单位负责。

14. 总价合同

建设单位按核定的建设项目概算投资额发包给施工单位的建设合同。

15. 单价合同

建设单位与承包单位按事先商定的工程单价结算实际完成工程量价款的建设合同。

16. 法人

依法成立并能以自己的名义行使权利和承担义务的企业或社会团体。

17. 隐蔽工程

所谓隐蔽工程指在下道工序完成后对工序的质量检查困难，或者无法检查的项目称为隐蔽工程，例如：柱钢筋安装工作完成后，在模板安装前要进行隐蔽工程检查，待模板安装完成后再去检查会造成检查困难，只有拆除模板才可以进行检查；混凝土浇筑完成后对钢筋的检查无法进行，所以将钢筋安装工程称为隐蔽工程。水利工程的土方回填前，开挖情况就无法检查，因此地基开挖就是隐蔽工程；山塘（水库）的坝下涵管在大坝土方回填后也就无法检查了，故坝下涵管也是隐蔽工程。基于隐蔽工程的特殊性，在施工过程中，需进行隐蔽工程检查（如测量、检测和拍照等）验收合格后，才允许进入到下一道工序的施工。建设管理中必须高度重视隐蔽工程检查和验收工作。

18. 竣工验收

工程全部建成，具备投产运行条件，正式办理固定资产交付使用手续时进行的工程验收。

工程竣工验收就是由建设单位、施工单位和项目验收委员会，以项目批准的设计任务书和设计文件，以及国家颁发的施工验收规范和质量检验标准为依据，按照一定的程序和手续，在项目建成并试生产合格后，对工程项目的总体进行检查和认证的活动。

全部工程竣工验收的主要任务是：负责审查建设工程的各个环节验收情况；听取各有关单位（设计、施工、监理等）的工作报告；审阅工程竣工档案资料的情况；实地察验工程并对设计、施工、监理等方面工作和工程质量、试车情况等做综合全面评价。承包人作为建设工程的承包（施工）主体，应全过程参加有关的工程竣工验收。

小型水利工程的竣工验收可以适当简化，但竣工验收的环节不可缺少。

19. 水利工程投资

水利工程投资是指水利工程建造期中所投入的材料、设备、工资、土地、移民、管理等项费用的总称。

对应可行性研究阶段称估算投资，初步设计阶段称概算投资，施工图阶段称预算投资，工程竣工后就成为决算投资了。一般的，估算投资、概算投资、预算投资和决算投资是依次减少的，这样才有利于投资控制。对于财政投入项目，如果在工程实施过程中，超过批准的工程概算投资，还需要报原批准的部门进行概算调整，并获得批准。

第三章　农村防灾减灾

我国幅员辽阔、地理气候环境复杂，是世界上自然灾害种类最多的国家，其中气象灾害占到 70% 以上，而农村又是气象灾害防御的薄弱区域。在农村，一般来说，春季以倒春寒、大风、沙尘暴居多，夏季以台风、暴雨、冰雹、雷暴、高温、龙卷风居多，而秋季以初霜冻、低温冷害等居多；冬季以寒潮、雪灾居多，其中也有跨季节的，比如台风；至于干旱，一年四季都可能发生。

除了气象灾害外，一些灾害是由于人类活动造成的，如山塘、水库运行管理不当造成的垮坝，堤防的决口而淹没农田和村庄等。为更好地减少或避免人类活动造成的损害，对这些工程要加强维护和管理，鉴于工程类别众多，本书不可能一一列举，仅对农村多见的山塘、堤防以及避险救灾等方面作介绍。

第一节　山塘综合整治

根据国家有关规定，容积在 10 万 m^3 以下并建有大坝的蓄水工程称之为山塘。我国的山丘区山塘众多，是重要的农田水利工程之一，在农村灌溉、供水等方面发挥着巨大的积极作用，但如果管理不善，也会给下游带来灾难。

由于山塘等水利工程大多修建于 20 世纪 80 年代前，受技术水平、设计标准的限制，加上年久失修，许多山塘存在容积减少、坝体渗漏、坝下埋管破损、上游护坡淘刷及下游护坡杂草丛生等安全隐患，为增加山塘的蓄水效益、减少安全隐患，开展山塘综合整治是非常必要的。

据统计，99% 的山塘坝体采用土石坝的形式，本书仅对土石坝山塘的综合整治技术进行介绍。

一、山塘的病害

山塘的病害存在于坝体、溢洪道和放水设施中。

（一）坝体

坝体的主要病害有：裂缝、滑坡、渗漏和护坡冲刷等。

1. 裂缝

（1）由于不均匀沉陷引起的贯穿坝体上下游的横向裂缝，可能危及坝体安全。

（2）黏土斜墙纵向沉陷裂缝，造成斜墙（或心墙）被渗水击穿发生管涌，甚至坝面塌坑。

（3）滑坡裂缝诱发坝坡滑动。

2. 滑坡

（1）滑坡体从坝顶或坡面开始，不伸入基础的浅层滑动；滑坡体从坝顶或坡面开始，伸入基础的深层滑动。

（2）坝体单薄，坝坡过陡，安全系数达不到设计规范要求的局部滑坡。

3. 渗漏

（1）坝体集中渗漏或反滤排水体以上背水坡大面积渗水湿润。

（2）土坝坝体与浆砌石、混凝土涵洞（管）等刚性建筑物或坝体，坝肩与基岩接触面的集中漏水，有导致渗透破坏的危险。

（3）坝基和坝肩绕坝渗漏坡降超过设计允许的范围，并有所发展。

（4）坝体或防渗体与坝基接触面上的接触冲刷有渗透破坏的危险。

（5）白蚁、鼠、獾等危害严重，已发现蚁巢蚁路、鼠洞和漏水通道。

4. 护坡冲刷

（1）在风浪的作用下，上游护坡不断被淘刷，致使坝体越来越单薄甚至倒塌。

（2）下游坝坡杂草丛生或者局部坍塌。

（二）放水设施

据调查，山塘的放水设施以坝下涵管为主。

（1）坝下埋设的涵管漏水或产生纵缝或横缝断裂漏水，甚至已引起坝面塌坑。

（2）放水竖井、闸门、支座、闸墩等出现裂缝。

（3）闸门启闭不灵活，不能满足启闭需要按时放水。

（4）放水隧洞因岩层破碎裂隙发育，漏水严重，造成洞内垮塌影响安全运行。

（三）溢洪道

(1) 溢洪道泄洪能力不够，防洪标准低。

(2) 溢洪道陡坡及消能设施冲毁严重，不能正常运行。

(3) 溢洪道与土坝接触部位的边墙严重漏水。

(4) 溢洪道底板严重漏水。

(5) 溢洪道岸坡严重滑坡，易堵塞溢洪道，影响泄洪。

（四）其他

(1) 缺少水位观测设施、上坝道路等。

(2) 库区淤积严重，蓄水容积大幅度减少。

二、病害山塘的处置

如前所述，大坝的病害和老化是不可避免的，因而其养护修理、综合整治的任务也是长期的，不可能存在一劳永逸的方法。当发现山塘存在各种病害时，可用如下的方法进行有针对性的处置。

（一）提高防洪标准

提高山塘的防洪标准，从工程上来讲有三个具体措施。

(1) 适当增高大坝，增加调蓄能力。适当增加大坝高度，可以增加库容，加大调蓄能力，有效地削减洪峰、减少出库流量，减轻对下游的危害。大坝是否加高，应结合工程的实际情况而定。

(2) 加大泄洪设施能力，增加泄洪流量。为了提高水库的防洪能力，一是可对原有的溢洪道进行扩宽和加深，增加下泄流量；二是在有条件的情况下，另建新的泄洪设施；三是在技术条件可行的条件下，改变洪水的出流方式，通过这些措施来增加溢洪道的泄洪能力。

(3) 加高大坝和加大溢洪能力相结合。这一措施，既可以减少加高大坝的程度，又可增加泄洪能力，还可降低投资。

对于大多数山塘，应该坚持"不加不降"为原则，即不加高大坝，不降低堰顶高程。

（二）病害整治

山塘出现病害，将影响山塘的安全运行，必须对存在的病害进行相应的处置。

（三）淤积的处理

筑坝建库后水位抬高，水面比降和水流速度减小，因而使水流挟带泥沙能力降低，致使泥沙沉积下来，形成了库区的淤积。为了避免山塘灌溉效益和防洪能力的降低，排沙减淤十分必要。

一般山塘常用的排沙减淤措施有以下方式：

（1）滞洪排沙。汛前放空水库开启闸门，洪水到来时使水库浑水尽量排泄的排沙方式。此种方式在合理解决蓄水与排沙前提下采用。

（2）人工辅助清淤。人工排沙即在水库泄空期间，通过人工辅助清淤将主槽两岸淤泥推向主槽，借助洪水的冲刷作用将泥沙排出库外。

（3）水力吸泥船清淤法。利用水力吸泥方法结合异重流排沙减少水库淤积。

（四）降等、报废

由于淤积、病害、效益衰减，已不能充分发挥效益，或由于病害严重，影响安全，为了保证安全，或由于人口的迁移，山塘已经不需要发挥其原有的功能时，需对这些水库进行降等或报废处理。

降等是指因水库规模减小或者功能萎缩，将原设计降低一个等别运行管理，以保证工程安全和发挥相应效益的措施。

报废是指对病险严重且除险加固技术上不可行或者经济上不合理的水库以及功能基本丧失的水库所采取的处置措施。

水库的降等与报废管理是加强水库安全管理工作的一个重要组成部分。水库的降等报废管理工作要按照有关条件和程序来进行。

符合下列条件之一的山塘，应当予以报废：

（1）防洪、灌溉、供水、发电、养殖及旅游等效益基本丧失或者被其他工程替代，无进一步开发利用价值的。

（2）库容基本淤满，无经济有效措施恢复的。

（3）山塘建成以来从未蓄水运用，无进一步开发利用价值的。

（4）遭遇洪水、地震等自然灾害或战争等不可抗力，工程严重毁坏，无恢复利用价值的。

（5）库区渗漏严重，功能基本丧失，加固处理技术上不可行或者经济上不合理的。

（6）病险严重，且除险加固技术上不可行或者经济上不合理，降等仍不能保证安全的。

（7）因其他原因需要报废的。

第二节　山塘巡查与抢险

山塘的巡查主要是对坝体、溢洪道、放水设施和库区的检查和巡查。

一、检查和巡查的主要内容

（1）溢洪道是保证土石坝安全的重要工程设施，不少土石坝垮坝失事大都因为溢洪道的设计洪水标准偏低和泄洪能力不足，洪水漫顶导致垮坝，教训极为深刻。因此，在土石坝的安全检查中，要检查溢洪道的实际过水能力；对不能安全运行、防洪标准低的土石坝，要检查是否按规定的汛期限制水位运行，万一出现较大的洪水，有没有切实可行的保坝措施，并是否能够落实。

（2）检查坝址处、溢洪道岸坡或库区及水库沿岸有无危及坝体安全的滑坡、塌方等情况。

（3）对坝前淤积严重的土石坝，要检查淤积库容的增加情况对土石坝安全和效益带来的危害。特别是要复核抗洪能力，以及采取相应措施，以免造成洪水漫坝的危险。同时检查溢洪道出口段回水是否可能冲淹坝脚，影响坝体安全。如有影响，应增设保护性设施。

（4）坝下放水涵管是水库主要组成部分，而由于涵洞与土体结合部位存在很多缺陷，易导致土石坝失事。因此对坝下埋管应重点检查。

（5）土石坝埋管运用方式不当也会造成土石坝的不安全因素，因此，应随时检查掌握水库汛期的蓄水和水位变化情况，严格按照规定的安全水位运用，不能超负荷运行。放水期间注意控制放水流量，以防库水位骤降等影响土石坝安全。

安全检查项目见表 3-1。

表 3 - 1　　　　　　　　　　　　安全检查项目内容表

安全检查部位		检查的内容与情况
坝体	坝 顶	有无裂缝，异常变形、积水或植物滋生现象等
	防浪墙	有无开裂、挤碎、架空、错断、倾斜等情况
	迎水坡	护面或护坡是否损坏； 有无裂缝、剥落、滑动、隆起、塌坑，冲刷或植物滋生等现象； 近坝水面有无冒泡、变浑或漩涡等异常现象
	背水坡	有无裂缝、剥落、滑动、隆起、塌坑、雨淋沟、散浸、冒水、渗水坑或流土、管涌等现象； 草皮护坡植被是否完好； 有无蚁穴、兽洞等隐患
	坝址	有无冒水、渗水坑或流土、管涌等现象； 排水系统是否通畅； 坝址滤水，减压井（或沟）等导渗降压设施有无异常
坝基和坝区	坝 基	基础排水设施的工况是否正常； 渗透水的水量、颜色、气味及浑浊度、酸碱度、温度有无变化
	坝端	坝体与岸坡连接处有无裂缝、错动、渗水等现象； 两岸坝端区有无裂缝、滑动、崩塌、溶蚀、隆起、塌坑异常渗水； 坝端区有无蚁穴、兽洞等
	坝址近区	有无阴湿、渗水、管涌、流土或隆起等现象； 排水设施是否完好
	坝端岸坡	绕坝渗水是否正常； 有无裂缝、滑动迹象； 护坡有无隆起、塌陷或其他损坏现象
	上游铺盖	有条件时应检查有无裂缝、塌坑
放水设施	引水段	有无堵塞、淤积、崩塌
	进水塔（或竖井）	有无裂缝、渗水、空蚀等损坏现象
	洞（管）身	洞壁有无裂缝、空蚀、渗水等损坏现象； 洞身伸缩缝、排水孔是否正常
	出口	放水期水流形态、流量是否正常； 停水期是否有渗漏水
	消能工	有无冲刷或砂石、杂物堆积等现象
	闸门	闸门及其开度指示器、门槽、止水等能否正常工作，有无不安全因素
	动力及启闭机	启闭机能否正常工作，备用电源和手动启闭是否可靠
	工作桥	是否有不均匀沉降、裂缝、断裂等现象

安全检查部位		检查的内容与情况
溢洪道	进水段（引渠）	有无坍塌、崩岸、淤堵或其他阻水现象；流态是否正常
	堰顶（或闸室）	包括闸墩、胸墙、边墙、底板；有无渗水、裂缝、剥落、冲刷、磨损、空蚀等现象；伸缩缝、排水孔是否完好
	溢流面	有无渗水、裂缝、剥落、冲刷、磨损、空蚀等现象；伸缩缝、排水孔是否完好
	消能工	有无冲刷或砂石、杂物堆积等现象
	有闸门控制的情况	检查闸门、动力与启闭机、工作桥等内容

二、安全检查的记录和报告

（一）记录内容

根据土石坝的特点，对以上内容进行检查，每次检查都应进行记录，发现异常现象，更要详细记载和叙述。

（1）检查观测的时间：年、月、日、时。

（2）天气情况：晴、雨（降雨量）雪、风。

（3）水位情况：检查时，对库内水位及其相应的集中渗流量、坝面散漏面积大小等现象，作详细记载。

（4）存在问题：对土石坝检查中发现的问题，如滑坡、裂缝、渗漏等做好记录、整理，如发现坝体产生裂缝，应详细记载裂缝所在位置，以及距坝轴线的距离、长度、宽度、走向、错距等。发现渗漏时，应记载集中渗漏量大小、渗散面积等，并绘制平面草图，标明裂缝、滑坡、渗漏的位置。

检查中发现的问题，能及时处理的要及时处理，不能及时处理的应向上级主管部门报告。

（二）报告的内容

（1）土石坝的基本情况，如坝高、库容、集雨面积、实际达到的防洪标准等。

（2）检查记录，整理资料情况及结论。叙述工程存在主要病害产生的原因，并提出处理的初步意见。

（3）请求上级主管部门组织力量到现场查看，认真分析研究产生病害的原因，提出应急措施和加固方案，进行彻底整治。

三、坝体、坝基安全检查与病害处理

（一）坝体的安全检查

在土石坝的运行过程中，其安全情况是在不断地变化的。由于土石坝的工作特点和促使土石坝安全情况发生变化的各种因素，如暴雨、洪水、风浪淘刷、冰冻影响以及大坝、溢洪道、坝下涵洞本身存在的各种病害隐患的变化，往往会直接或间接地反映为坝面的异常现象，都将影响土石坝坝体的安全，如裂缝、渗漏、滑坡、塌坑、冲沟、生物危害等。因此，必须经常性地检查坝面有无异常现象，及早发现病情并及时加固处理，才能确保安全运行。

管理人员应对坝体工程进行以下经常性的检查：

（1）检查坝面有无裂缝、滑坡、隆起、塌坑、冲沟、陡坎等现象。这些现象有的是坝体表面遭受破坏（如冲沟等）的结果，而塌坑则是内部受到严重破坏的反映。

（2）检查坝顶、路面及防浪墙是否完好，特别注意坝顶沉陷，即在顺坝轴线方向是否下陷成马鞍形，若坝顶高程最低处低于设计要求而又未及时补填，则容易洪水漫坝失事。

（3）在蓄水运行期间检查下游坝面、坝体与两岸接触部位、坝基、坝下涵洞附近的坝体等有无渗漏现象。检查渗水情况时，必须仔细观察反滤层是否堵塞失效，坝基渗水是否正常，特别要检查渗水的透明度和水质。有些坝体的渗漏破坏并不一定反映在坝面上，而往往表现在坝基中，有的不一定都是危险象征，但也不能轻视。因此，对坝体、坝基及两岸坡的渗漏状况进行安全检查，必须认真、仔细。

（4）在汛期高水位和用水时水位下降期间，以及暴雨、地震、溢洪、结冰解冻时，最易发生问题的部位都应加强检查，例如，水位下降后坝面护坡有无块石翻起、松动、塌陷等损坏现象。

（二）坝体裂缝的检查、观测及处理

1. 裂缝的检查

对土石坝裂缝除了在坝面普遍地进行检查外，还应对横向裂缝、纵向裂缝较容易出现的部位重点检查，观察裂缝特征，并据以进行判断。如对纵向滑坡性裂缝与纵向沉陷裂缝的辨别等。

如果裂缝发生在有护坡块石的上游坝坡或杂草丛生的坝面，就不易发现。因此对上游坝坡的护坡面的变形及裂缝要仔细检查，同时坝面除去杂草，才能便于观察。一般可采用以下方法进行裂缝检查：

(1) 利用坝体上或坝体内的圬工建筑物检查。坝顶防浪墙、路边墙（路缘石）、坝坡上的排水沟以及坝下涵管（洞）等圬工建筑物对于沉陷的灵敏度反应较高，稍有沉陷即产生裂缝。一般圬工上裂缝宽度若大于 1mm，土坝上将有明显的裂缝。如涵洞断面变形较大，或两点断面有沉陷差，就会直接使坝体产生裂缝。

(2) 渗水透明度检查。坝后集中渗水的透明度反映了坝体渗出水中含土粒的多少，表明是否带动了坝体土粒，若渗出的水突然变浑浊，即表明坝体裂缝后产生了管涌。内部裂缝在坝体表面是观察不到的，一般可结合坝型、坝基具体情况，进行仔细观察：如当库水位升高到某一高程时，在无外界影响的情况下渗漏量突然增加，而水位下降到某一水位时，渗漏量减少或停止渗漏。通过这些有规律的变化现象，分析判断是否有内部裂缝的可能。

发现裂缝后应设置标志，并把缝口保护起来，用塑料布盖好，防止雨水流入加速其恶化，同时避免牲畜或人为的破坏，避免裂缝失去原来的形状，以便观察裂缝的变化情况，分析产生的原因，尽快处理。

2. 坝体裂缝的观测

通过检查发现土坝发生裂缝后，要掌握裂缝发展情况，分析其产生的原因和危害，以便进行有效的处理。因此，对横向裂缝和纵向裂缝都应进行观测。

土坝裂缝的观测包括位置、走向、长度、宽度、深度、错距等内容，其方法如下：

(1) 土石坝裂缝的位置、走向可在裂缝地段按坝轴线和距坝轴线的距离标注，如桩号等。

(2) 土石坝裂缝长度的观测，可在裂缝两端用石灰划出标记，然后用皮尺沿缝迹测量。石灰标记处需标注日期，以掌握其发展情况。

(3) 裂缝宽度可在缝宽最大处选择有代表性的缝段，用石灰等划出标记作为测点，用钢尺测量。钢尺要求有毫米刻画，读数估至 0.1mm。测量时应尽量不损坏测点处的缝口。在测点处的缝口可喷洒少量石灰水，以便检查缝口是否遭受损坏。

(4) 在需要了解裂缝的可见深度时，可以用细铁丝探测。除较大的滑坡裂缝，经上级主管部门批准可进行钻孔或坑探检查外，一般可不必进行坑探。

(5) 土石坝裂缝观测的测次应根据裂缝发展情况而定。在裂缝初期可每天观测一次，当裂缝有显著发展和上游水位变化较大时增加测次，在裂缝发展减缓后适当减少测次。

土坝裂缝观测的成果需详加记录，如记录裂缝发生的时间、地点，裂缝的特征等，应在大坝平面图上绘出裂缝分布草图。

3. 坝体裂缝的处理

土石坝坝体出现的各种裂缝都应及时处理。发现后，一方面注意了解裂缝的特征，观测裂缝的发展和变化，找出裂缝产生的原因，判断裂缝的性质；另一方面要采取防止裂缝进一步发展的措施，同时制定处理方案。处理前水库必须定出限制蓄水位，同时要采取临时防护措施，严防雨水向裂缝内灌注或冰冻等不利影响。

非滑坡性裂缝的处理，一般有翻松夯实、开挖回填和充填灌浆等几种方法，对于滑坡性裂缝不能简单采用上述方法，要以控制滑坡为主要手段。

(1) 翻松夯实。对于细小的干缩裂缝（龟裂缝）可以只进行表面处理。即将缝口土料翻松并润湿，然后夯压密实，封堵缝口。处理后面层铺上厚约10cm砂性土料保护层，以防继续开裂。

(2) 开挖回填。开挖回填方法简单，效果好，是裂缝处理方法中最彻底的办法，即将发生裂缝部分的土料全部挖出重新回填。因此这种方法适用于缝深度在2m之内，已停止发展的裂缝。处理裂缝开挖时，可先沿缝灌入少量石灰水，以便沿裂缝下挖，可挖成梯形断面，或台阶形的坑槽，如图3-1所示。槽的长度和深度均应超过裂缝0.3～0.5m，开挖边坡以不至坍塌并便于施工为原则，槽底宽0.3～0.5m。开挖完成后，如土的含水量低于土的最优含水量，应将槽周洒湿，然后用与坝体相同的土料回填，分层夯实，每层填土厚度以0.15～0.2m为宜。在回填前注意削成规定的边坡，保持梯形断面，便于新回填的土料和原坝体紧密结合。

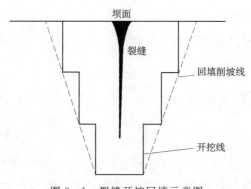

图3-1 裂缝开挖回填示意图

(3) 充填灌浆。当坝体裂缝部位较深时，采用开挖回填法往往开挖工程量较大，同时影响蓄水。此时，可采用充填灌浆法处理，或在裂缝上部开挖回填，下部较深的细小裂缝进行充填灌浆处理，如图3-2所示。充填灌浆法就是在坝体裂缝部位用较低压力或浆液自重把浆液灌入坝体内，充填密实裂缝和孔隙，以达到加固坝体的目的。该法适用于深度较大的非滑坡性裂缝处理。若为滑坡裂缝深部的细微裂隙，必须待土坝滑坡处理稳定并经可行性论证后，方可进行充填灌浆处理。

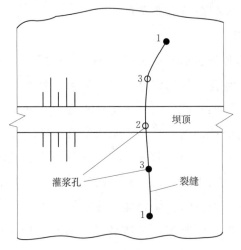

图 3-2 裂缝灌浆处理示意图

（4）滑坡性裂缝的处理。土石坝因滑坡而产生的裂缝，原则上不应采用灌浆的办法处理，因为浆液中所析出的水将会使滑裂面的土体软化，抗剪强度降低，对稳定不利，而且灌浆压力也会促使滑动体下滑。但当裂缝的宽度和深度较大，深部开挖回填比较困难，工程量太大时，可采用开挖回填与灌浆相结合的方法进行处理。即先开挖回填裂缝的上部，对深处的裂缝采用灌浆充填密实。但灌浆前应先进行砌石固脚，或压坡处理。必须待滑动体处理稳定后，再用较小的压力对深层的细小裂缝进行充填灌注，否则易造成病情加重和溃坝的严重后果。如某水库库容149 万 m³，为水中填土均质坝，坝高 26m，由于筑坝质量差，1973 年产生滑坡。滑坡弧形裂缝连通上下游，并向下游滑沉，对裂缝进行灌注泥浆方法处理，加之降雨，泥浆无法固结，促使滑坡加剧，裂缝宽达 6cm，坝体明显变形，处理后第三天发生土坝溃决。

（三）滑坡的检查与处理

1. 滑坡的检查与观测

滑坡初期是逐渐发展的缓慢过程，但坝坡发生明显的滑动，则往往是突然的。因此，必须加强检查观测，以便及早发现滑坡征兆，采取有效的防治措施，避免发生严重的滑坡事故。

（1）加强检查观测的关键时刻。

1）高水位时期。当汛期或蓄水期库水位达到设计的正常高水位时，坝体中的最高浸润线即将形成，这时坝体浸润线以下浸水饱和，坝坡稳定安全系数最小。如果反滤层以上背水坡出现大面积散浸或局部散漏，必须对坝坡渗漏部位仔细检查，以确认下游坡有无纵向裂缝或滑坡征兆。

2）水位骤降期。由于某种原因需要急速下降水位，或放空库水，或放水闸门开关失灵而发生水位骤降，或者水位降幅较大时，对上游坡稳定影响最大，必须加强检查，注意上游坝坡是否出现裂缝以及护坡有无变形等情况。

3）发生持续的特大暴雨和风浪时期。对于已知填筑质量较差的土石坝，特别是曾经发现有坝面散漏、绕坝渗漏，或者曾出现裂缝的坝段，在持续暴雨时，必须认真检查。因为原来存在隐患，加上雨水入渗和风浪淘刷，便有可能使局部坝坡的稳定受到影响，引起滑坡。

4）回春解冻之后。此时应注意检查坝顶及坡面有无滑坡征兆。

5）发生强烈地震后。此时应注意检查迎水坡或背水坡是否出现滑坡险情。

（2）滑坡征兆的观测。为了能及时查明土石坝滑坡征兆，必须进行以下各项观测：

1）裂缝观测。经过检查观测，在坝顶或坝坡上出现平行坝轴线的裂缝时，必须尽早判明是滑坡性裂缝还是沉陷缝。这是非常重要的，因为两种不同原因引起的裂缝，处理方法是不同的。因此，应加强观测，并记录裂缝宽度与错距的发展情况。

2）位移观测。坝坡在短时间内出现持续而且明显的变形，也是滑坡的前兆，观测滑坡体的垂直与水平位移。

一旦滑坡体出现上部陷落而下部隆起的特征，同时上部出现纵向裂缝，就可以判定是滑坡。即使顶部没有发现裂缝，坝体上部陷落在纵断面上成马鞍形，下部隆起也可判定是滑坡。

（3）查清滑坡体范围。对已产生滑坡的大坝必须检查滑坡体的范围，查清是属浅层滑动，还是深入基础的深层滑动，必要时在整治前应放空库水进行检查，以决定处理措施。

2. 滑坡的处理

滑坡的处理原则，是设法减少滑动力，增加抗滑力，使坝坡满足稳定要求。其做法，可归纳为"上部减载"与"下部压重"。如因渗漏而引起的滑坡，还必须采取"前堵后排"的措施。"上部减载"的措施是在滑坡体上部与裂缝上侧陡坎部分进行削坡，或适当降低坝高、加防浪墙等减载措施。"下部压重"的措施是放缓坝坡，在坡脚处修建镇压台及滑坡段下部做压坡体等。

无论在什么时期发生滑坡都必须针对不同情况及时采取应急的临时处理措施，如首先用塑膜等覆盖封闭滑坡裂缝，以防雨水入渗，加速其塌滑；对由于库水位骤降而引起上游滑坡，要立即减慢放水速度，或停止放水。对由于坝体渗漏或因雨水饱和而引起的下游滑坡必须尽可能将库水位下降到适当的位置，以免下游坝体浸润线继续抬高增加滑动力。同时在下游坡开挖导渗沟，排除在坝体内的渗水等，以增加坝体的稳定性，防止滑坡险情进一步恶化。待查明滑坡体的位置、范围后，针对产生滑坡的原因和不同的具体情况，确定整治方案，采用有效的方法及时进行加固。

常采用的处理方法主要如下：

（1）开挖回填。在彻底处理时，无论是坝体局部滑动还是深入基础的深层滑动都需要将滑坡体松散部分挖除，再用好土回填压实。但是滑坡体的开挖应视滑动土体的方量大小而定，对体积较小的局部滑坡最好全部挖去，再用与原来坝体相同的土料分层回填夯实。如果坝体内部夹有软弱层，则应将软弱土层全部挖去。如滑坡体方量很大，全部挖去确有困难时，也可将滑弧上部松土挖掉。然后由下而上分层填土夯压密实。在开始回填前应洒水湿润，将表层刨毛再填土夯实，以利于层面结合。

在开挖回填的同时，要翻筑维修好坝趾的排水设施，使其保持排水通畅，并起到压脚抗滑作用。

（2）放缓坝坡。对于坝坡过陡、坝体单薄而引起的滑坡应结合处理滑坡体时放缓坝坡，一般在滑坡体上部与裂缝上侧陡坎部分进行削坡。当坝体单薄，坝顶宽度较窄，无法进行削坡时，通常采取措施适当降低坝高，增设防浪墙，达到原坝顶高程，以减少上部荷载。

上部放缓坝坡后，为维持原有坝顶宽度应适当加厚下游坝体断面，如图3-3所示。加厚坝体断面应将原坡面挖成阶梯，用与原坝体相同的土料分层回填夯实再削成斜面。放缓下游坝坡或加厚下游坝体断面时，应将原有排水体延伸或接通新的排水体。确定计算指标时，可参照滑坡后的坝体稳定边坡确定放缓的坡度。坝坡太缓则会浪费资金和劳力，坝坡过陡又达不到稳定要求。

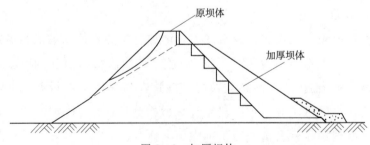

图3-3 加厚坝体

（3）增设防滑体。对滑坡的处理常在滑坡段采取压重固脚的措施，以阻止坝体下滑，特别是对于上游滑坡的处理一定要查清滑动位置、范围（是否连同基础滑动），然后在滑动坡脚增设阻滑体。如砌石固脚或抛石压脚，也有采用镇压台的，如图 3-4、图 3-5 所示。

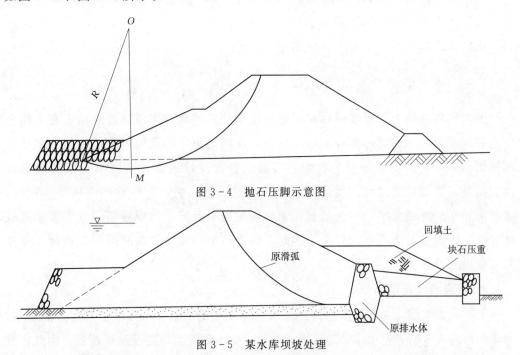

图 3-4　抛石压脚示意图

图 3-5　某水库坝坡处理

（4）多种土料掺和。对原筑坝土料物理力学指标差，而当地又缺乏适宜筑坝的土料时，可以采用多种土料掺和或用含石土（在黏性土料中掺入少量的砾石）来提高筑坝土料的物理力学指标。这样还可以节省工程量和造价。如某水库坝高 21m，库容 423 万 m³。建成后 5 年中发生过 3 次大滑坡。修建及整治滑坡时回填土料含粉粒 41%，含黏粒高达 44%，内摩擦角 φ 值很小仅有 5.75°。两次滑坡整治的回填土料不变，盲目地将 1∶2.7 的坝坡放缓到 1∶4，仍然发生滑坡。1982 年第三次滑坡整治时，将黏土、壤土、砂土、石渣等土料掺和碾压，提高了土料的物理力学指标，整治后已安全运行至今。

（5）增设防渗设施。对在高水位下，由于坝体渗漏引起的下游滑坡，或由于水位下降引起的上游滑坡使防渗斜墙遭到破坏，均应根据具体情况，在整治滑坡的同时采取"前堵后排"的防渗导渗设施。

滑坡处理时的注意事项主要如下：

（1）滑坡体上部与下部的开挖与回填的次序应符合"上部减载下部压重"的原则。先对上部进行削坡减载，上部开挖部位的回填工作应在做好下部压重之后方能进行。在滑坡体下部，无论砌石固脚、镇压台或放缓坝坡，都必须挖除松土与稀泥，削成整齐的边坡；应沿轴线将坝脚基础分段，齿形开挖，砌石固脚。即每段开挖后，做好压重，再开挖第二段，分段不宜过长，一般 4~6m，忌沿坡脚全面同时开挖完后，再砌石固脚,以免引起新的滑动。

(2)整治修复坝体时,横断面上土料的分布以"内黏外砂"的形式为好,即外部宜选用透水性能较好的粗颗粒土料,这样可以减少水位下降时附加的反向渗透压力,从而减少滑动力,增加坝坡的稳定性。

(四)渗漏的检查观测与处理

土坝的坝身填土和坝基都存在一定的透水性,因此,当山塘蓄水后,在水压力作用下,库水必然会通过坝身土体、坝基以及坝端两岸的孔隙,或坝体与地基接触面发生渗漏,这是不可避免的。如果渗漏量符合设计范围,则属于正常的渗漏现象。但是,渗漏量超过允许范围,或者渗流逸出点太高,下游坡面出现渗水散浸,这就是异常渗漏现象了。更为甚者,如果发生集中渗流,出现管涌、流土等渗流破坏现象,则将危及土石坝的安全。因此,对土石坝的异常渗漏必须引起重视,应及时采取措施处理。

1. 渗漏的检查观测

土石坝蓄水后,在水头长期作用下对坝体坝端及坝基渗漏往往会产生不利影响,如集中渗漏水量增大,坝体渗漏范围增加,则会出现险情,甚至酿成溃坝。因此,对土石坝的各种异常渗漏状况进行经常性的检查、观测并分析渗漏的原因极为重要。

渗漏的检查观测包括以下内容:

(1)渗漏现象的观察。查明坝身、坝基及岸坡各种渗漏的部位、渗水量及严重程度。

1)注意观察上游坝面,库水有无漩涡或变浑、大坝坡面出现塌坑等,一旦发现由于严重渗漏导致大坝出现险情的情况,应迅速查明原因,进行应急处理。

2)坝体渗漏观察在下游坝坡可以根据坝面湿润、填土软化等现象识别渗漏逸出的位置。严重的可以观察到有细小水流从坝面渗出,并陷脚。库水位下降后,也可以从坝坡上长出水草判断有无渗漏现象。检查渗漏出逸点的时间最好是在水库蓄水期的晴天。如在盛夏炎日之下,坝面可能见不到湿润;在严寒的冰冻季节坝面湿润部分因冻结而变硬,降雨天坝面雨水入渗等都不利于检查观测。检查时一定要标出高程、范围与库水位变化的关系。

3)集中渗漏观察。对容易出现而危险性大的部位如坝脚和两岸坡与坝体接触的下游坡面或坝下涵管的出口附近,要重点观察,特别是在高水位期要加强检查观测。检查时,要注意观察渗水的浑浊程度和渗水量的变化情况。如果渗水由清变浑,并明显地带有土粒或渗水量突然增大,很可能是坝体发生渗透破坏的征兆。如渗透量突然减少或中断,很可能是渗漏通道顶壁坍塌,暂时堵塞的结果,决不能因此而疏忽大意。往往持续一段时间后渗水量增大而流出浑水。此时,更应密切注意加强检查坝面有无塌坑或下陷的现象，并注意降低库水位，以缓解险情。

（2）检查观测渗漏与库水位变化的关系。检查观测渗漏时要记录渗漏出逸点的位置、渗漏量的大小，还必须同时记录观测时的库水位。渗漏量随时间增长是增大还是减少，只有在相同水位下才能进行比较。根据记录的资料研究渗漏与库水位变化的关系。如果发现库水位下降到某一高程时，下游坝坡的集中渗漏已消失，就应检查在该水位线以上的坝体或库岸有无裂缝或孔洞等渗流进口，从而可判明入渗位置在此高程以上的坝体与库岸某一部位。

（3）注意检查观测下游地基渗流出口处的情况。如果发现翻水冒沙现象，则说明地基已发生渗透破坏，必须采取有效措施，以保证工程安全。

2. 危险性渗漏的判断

前面已述水库蓄水后坝后出现渗水现象总是不可避免的，水头愈高，渗水越大。这种渗水在土石坝设计中设置防渗体和反滤排水体进行前堵后排，使产生的渗漏部位和渗漏量都在允许范围内。由此可见，在水库安全检查中，对土石坝的坝后渗水，既不能疏忽大意，也不能凡是坝后渗水都列为危险状况。

土石坝的坝后，通过反滤排水体渗出的水如果是清澈见底，未含有土颗粒，而渗漏量大小在相同水位下，随时间的延长基本上无变化，有时还有所减少，此种渗漏属正常渗漏，其他部位的各种渗漏均属异常渗漏。这些异常渗漏对坝体安全都有着不同程度的影响。有的渗漏虽然对坝体安全无影响，但是影响蓄水灌溉。有时，正常渗漏也会转变为异常渗漏。因此，对各种渗漏都应随时进行检查、观察和观测，并注意识别和判断渗漏的危险性。

（1）对工程的危害程度。根据渗流出逸点的地形、地貌判明渗流对工程的危害程度。有些绕坝渗漏的出逸点距两端或坝趾较远，且岸坡厚实对工程安全无影响或影响不大，可暂时不处理。反之，如果岸坡比较单薄、岩性软弱、裂隙发育、出逸点距坝体较近，应弄清渗流量与库水位的变化关系，注意加强观测并进行处理。还有的绕坝渗漏及石灰岩地区的库底、库岸渗漏量较大，虽不危及大坝安全，但严重影响水库蓄水灌溉效益，也应注意观测并在条件可能的情况下进行处理。

（2）渗漏的部位。在反滤排水体以上的坝坡出现大面积散浸，虽然渗漏量不大，但浸润线抬高使局部土体饱和软化，直接影响坝坡的稳定。

（3）渗水透明度。坝后地基渗流出口处的冒水翻沙现象，开始时，水流带出砂粒沉积在冒水口附近，堆成沙环。沙环逐渐增大，当漏水量明显加大时，水流将沙子带走而不再沉积下来，沙环不再增大，这时仔细观察水流，偶尔带有沙子。发现此情况若不及时采取措施，就会很快发展成为集中渗漏通道，危及大坝安全。利用坝后渗漏量的变化情况观测资料判断，如果在同样库水位情况下，渗漏量没有变化或逐渐减小，则坝后渗水属正常渗水；若在同样的库水位情况下，渗漏量随时间的增长而增大，甚至发生突然变化，则坝后渗水属危险性渗水。

3. **渗漏的处理**

土石坝的各种异常渗漏，无论发生在什么部位都应视其产生的不同原因进行处理，总的原则是"上截下排"。"上截"就是在坝轴线以上部分坝体和坝基堵截渗流途径，防止和减少渗漏水量渗入坝体和坝基，提高其防渗能力；"下排"就是在下游做好反滤导渗排水设施，使渗入坝体、坝基的水在不带走土颗粒的前提下安全通畅地排向下游。

在渗漏的处理实践中，有很多行之有效、花钱少而易于掌握的处理办法。如灌浆法、斜墙法、套井回填黏土等。但由于水库渗漏处理受到各种因素的制约，特别是施工条件和工期的限制。因此，要视其具体情况采用不同的处理方法。图3-6为截水槽与斜墙坝连接示意图，图3-7为套井防渗墙示意图，图3-8为劈裂灌浆法示意图。

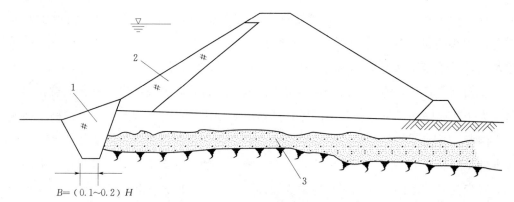

图3-6　截水槽与斜墙坝连接示意图

1—截水墙；2—原黏土斜墙；3—透水层

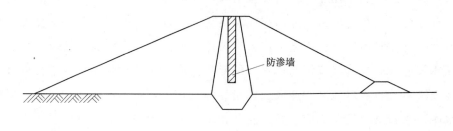

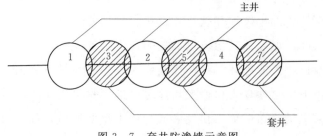

图3-7　套井防渗墙示意图

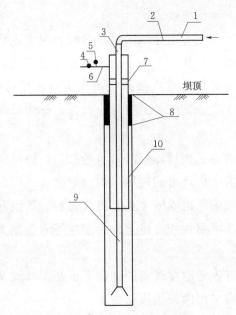

图 3-8 劈裂灌浆法示意图

1—1.2 寸高压胶管；2—游刃；3—DN25 钢管；4—阀门；5—压力表；

6—回浆管；7—丝扣钢接头；8—封孔；9—射浆管；10—护壁管

（五）坝坡的检查与处理

护坡是土石坝外部结构的重要组成部分，它的作用，在上游坡主要是保护坝坡以及坝体免受风浪的淘刷和冰凌的影响，防止靠近泄水、放水建筑物处的上游坝坡遭受顺坝的水流冲刷，在下游坡主要是防止被雨水冲刷破坏。

常见的护坡形式，迎水坡多为干砌石护坡，也有浆砌石护坡、混凝土板护坡、框格砌石护坡。水泥土护坡、背水坡则多为草皮护坡或干砌石护坡等。

1. 护坡破坏的检查

土石坝护坡的检查主要结合大坝安全检查观测，用直观观察检查方法或用仪器进行观测检查。应在水库最高、最低水位时，冰凌、大风浪和暴雨期间或库水位下降较快时或遭遇地震之后，根据具体情况增加检查次数。当护坡遭到严重破坏时，应进行临时抢护，再着手设计，并选择适当时机加固处理。

对护坡的检查主要有以下方面：

（1）沿护坡的库水是否变浑，浑水的透明度变化情况如何，护坡垫层下面的土体有无松软、滑动和淘刷。

（2）坝面排水沟是否通畅，坝坡有无积水现象，排水沟两侧及底部填土有无冲刷，雨水是否流经排水沟排出。

（3）护坡表面是否风化剥落、冻散、松动裂缝、隆起、塌陷、淘空和冲走，有无杂草、雨淋沟、空隙、兽洞或蚁穴。

（4）在沿海台风地区和北方冰冻地区可参照有关规定进行特殊检查。

以上检查时，应详细记录和在大坝平面图上标注破坏的范围和部位。当破坏范围不大时可直接观测，对破坏的重点部位也可先拍照，然后向上级主管部门报告，以便及时组织修复。文字记录、图表、照片、报告、整治设计都要装订成册归档。

2. 护坡损坏的处理

当遭受风浪和冰凌破坏的护坡经临时紧急抢护后，应尽快作出整治设计并进行彻底的加固处理，以免遭受更严重的破坏。加固的措施，应根据护坡破坏的主要原因、原护坡的结构型式和破坏范围的大小、建筑材料、气温和风力、施工条件和库水位情况，以及技术上的可靠性和经济上的合理性等有关因素，综合分析比较，合理选定。

在一般情况下，应首先考虑在现有的基础上填补翻修或其他方案，如重新选用适宜的结构型式等。通常采用的加固措施如下：

（1）填补翻修。适用于施工质量差而引起的局部脱落、塌陷、崩塌和滑动等破坏。其做法是：首先清除紧急抢险时压盖的物料，并按设计要求将反滤层修补完整；然后再按原护坡的类型护砌完整。如采用干砌块石护坡，块石规格尺寸大小及垫层都应符合设计要求。干砌石护坡厚度一般为 $25\sim40cm$，垫层厚度为 $10\sim15cm$，垫层级配合理，否则砂层易被风浪淘刷流失，最好第一层用砂，第二层采用砾石，第三层采用卵石或碎石。护坡达到紧、稳、平、实的要求。施工时，为防止上部原有护坡塌滑，可逐段拆砌。

（2）加厚反滤垫层。冰冻地区由于反滤垫层厚度不够而产生的破坏，加厚反滤垫层是一项行之有效的办法。即将垫层的每层厚度适当加大则可避免冰推和坝体冻胀引起的护坡破坏。新疆北部采用浆砌石或现浇混凝土护坡即抗冻胀和防渗透破坏，最常用的办法是在护面与坝面间铺厚 $20\sim60cm$ 的砂砾石垫层。也可以在正常水位上下部位加厚垫层，因为水位上下波动带是防冻害的重点部位。

四、溢洪道的安全检查与病害处理

溢洪道是宣泄经过水库调蓄以后多余的洪水，保证大坝等工程安全的建筑物。一般修建在山塘一侧的河岸上，为不设闸门的开敞式溢洪道。

（一）溢洪道安全检查

1. 溢洪道安全检查的重要性

据我国运行期水库失事统计，因溢洪道泄洪能力不足而导致洪水漫坝失事的水库，占失事总数的 46.6％，而其中小型水库漫顶失事的占漫顶失事水库总数的 99％左右。

山塘遍布各地，据调查洪水标准明显偏低和存在较严重的工程质量问题，对山塘安全威胁极大。即使成千上万座山塘经过修复都已达到设计洪水标准和工程质量要求，每年仍存在一定数量的山塘有洪水漫坝失事的可能。因此，不能仅靠提高洪水标准和工程质量要求来解决，只能靠加强工程的安全管理和加强溢洪道的安全检查，特别是汛前检查，保证溢洪道的畅通。因此，必须对溢洪道建筑物进行经常性的检查观测，发现问题及时处理，随时保持溢洪道的正常工作能力，这对保证水库安全具有非常重要的意义。

2. 溢洪道安全检查的内容

（1）检查溢洪道的过水能力。溢洪道进口控制段的断面尺寸是否有足够的过水能力，直接影响到水库的安全。随着水库的淤积，暴雨洪水资料的不断变化，对已运行的水库应进行定期检查复核，检查溢洪道的实际过水能力，对坝顶高程和溢洪道进口断面尺寸、宽度、深度进行检查，特别是检查进口控制断面及堰顶高程是否符合设计要求。

（2）检查溢洪道有无阻水现象。溢洪道应保持宣泄洪水时畅通无阻，不得在进口控制段人为造成行洪障碍，不得以任何其他原因减小溢洪道的过水断面，或筑子堰，任意抬高溢洪道底坎高程。为蓄水修筑的临时性子堰或在行洪道内及库内倾倒的废渣、沙石等阻水障碍物，必须在汛前拆除、清除干净，以免影响泄洪，不得在溢洪道进口附近设置拦鱼栅。检查溢洪道两岸坡是否有易垮塌的危险，特别是暴雨以后和融冰时期，要加强检查，应及时削缓或加固处理，以免行洪时突然发生岸坡垮塌阻塞溢洪道，导致洪水漫坝事故发生。

（3）检查溢洪道建筑物的隐患。溢洪建筑物泄放水时，各部位因高速水流的冲刷，容易受到损坏，溢洪道的进口、溢流堰、陡坡边墙底板等检查有无沉陷、变形、被掀起或损坏。检查消能工是否存在冲刷破坏，检查消力池的齿坎、消力墩是否在溢洪时损毁，消力池底和侧墙有无因冲刷而松动塌陷等，以及挑流鼻坎淘空、冲深失稳等病害。

（二）溢洪道的病害处理

1. 增加水库泄洪能力的措施

由前所述，溢洪道泄洪能力不足的主要问题是无溢洪道或各种原因引起溢洪断面小。因此，应针对不同的问题，采取相应的措施。

（1）拓宽溢洪道。增加溢洪道的宽度和过水深度是加大泄洪能力的主要措施，但应根据工程的地形、地质条件选用。如果土石坝枢纽溢洪道附近的山坡比较平缓，扩宽进口控制段开挖量不大，即可采用此法。

（2）降低堰顶高程，提高泄水能力。此法适用于原溢洪道无条件扩宽的情况，但要减少有效库容。也可以把加深溢洪道和修建防浪墙结合起来，满足运行安全的要求，尽量少降低溢洪道进口高程，使水库的蓄水量不减或少减。

（3）适当加高大坝。对土石坝工程，当溢洪道的泄洪能力不足时，可在原有工程运用安全可靠的前提下适当加高大坝，即在溢洪道底高程或溢流堰顶高程不变的情况下适当加高大坝。这样既可增加滞洪库容，又可增加溢流堰顶溢洪水深，增大泄洪能力。在丘陵山区的水库，坝轴线短，采用这样的措施，可节省资金和劳力，而不影响蓄水。

（4）改变堰型。改变进口控制段的堰型，选用流量系数高的溢流堰，将大大提高溢洪道的泄放能力。如将明渠式进口改为宽顶堰或实用堰，但这必须满足进口段水流条件的要求并结合进口段的地形条件进行。

（5）延长溢流堰长度。例如溢洪道进口建拱形堰。溢洪道在经过加深、进口高程降低以后，在进口处建拱形堰，可增加溢流长度，提高流量系数，从而达到增加泄洪流量的目的。正向出水的溢流堰改成侧向溢流堰也可以延长溢流堰长度，从而加大泄洪流量。

以上措施都必须结合具体情况综合考虑，进行多方案比较，以使方案经济合理、安全可靠。

2. 溢洪道抗冲的加固处理

溢洪道上高速水流具有很强的冲刷能力，特别是山塘的溢洪道在布置和结构设计上受到许多因素的制约，而有的溢洪道建在抗冲能力较差的地基上，但却没有作坚固的衬护，特别是陡坡段及消能工等部位，由于抗冲能力差而引起严重的破坏。

（1）陡坡底板抗冲加固。陡坡底板为土基或软岩都必须衬砌加固，裂缝也要处理。溢洪道陡坡段水流湍急，由于冲刷、衬砌的底板最易发生变形、掀起或损坏。破坏的原因主要是施工质量差，影响衬砌体的抗冲能力。衬护底板不平整，特别是横向缝或陡坡变坡处有高低不平的升坎，接缝处又未做止水，在动水压力作用下，底板下会产生浮托力，使底板掀起而破坏；或是在底板下面没有做排水设施，排水不畅，加大了扬压力，使底板掀起；或是排水设施未做反滤层，渗水带出地基中的土壤，将底板下部淘空，发生底板沉陷而破坏等。

对底板破坏严重，则应彻底翻修，重新衬护加固。注意施工质量，在纵横伸缩缝或工作缝中应做好止水，保证表面平整，未做排水设施的要在衬护底板下设置纵横排水暗管，将渗水排至下游，暗管可用直径 $10\sim15\text{cm}$ 的有孔陶瓷做成，并在四周填筑砂石反滤层。常用的衬护材料是混凝土和浆砌石，适用于流速为 8～15m/s 的情况。用浆砌条石或块石底板衬砌的厚度应根据地基情况决定，一般为 30～60cm。其基坑两侧空隙用混凝土或硬石块加水泥砂浆堵塞，这样可阻止水流冲击而造成砌石滑动。

如果陡坡流速大也采用混凝土或者钢筋混凝土，但一般都是在浆砌石面层浇筑 10cm 左右的素混凝土。

（2）陡坡弯曲段的抗冲加固。溢洪道陡坡在平面上若能布置成直线，则水流平顺。但是在已建成的小型工程中，往往从经济出发，为了处理洪水流归河道，布置成弯曲陡坡段（即称陡坡弯道）。陡坡弯道水流因受离心力影响势必偏向凹岸，冲刷凹岸衬护地基，常常造成弯道段底板冲坑、凹岸侧墙倒塌，有的甚至危及坝体安全。陡坡弯道的严重冲刷是溢洪道常见的严重病害，常采用如下处理措施：

1）在弯道段加固衬砌时，将底板横向抬高，即底部横向凹岸做得高些，逐步向凸岸倾斜，凹岸侧墙也应高于凸岸侧墙，同时衬护底板也应加厚加强，以缓解冲刷强度。

2）利用弯道段的冲刷坑，进行加深、加宽、加固，改作消力池。

3. 溢洪道岸坡塌滑的处理

溢洪道岸坡滑塌一般多发生在进口深挖方地段，由于溢洪道开凿时放炮、取土，使两岸坡边坡太陡，破坏了山体的自然平衡状态，加之山岩风化破碎，造成冬季因冰冻而解体下崩。还由于岩坡下部有软弱土层，浸水软化而产生滑坡崩塌。若在暴雨洪水期，突然滑塌堵塞溢洪道进口段，将可能造成库水位急增，大坝洪水漫顶而失事。处理措施主要如下：

（1）放缓上部坡度，对上部进行开挖削坡减载。

（2）侧墙按挡土墙适当加高加厚。

（3）当滑坡范围较大时，还可以沿山坡等高线布置横向和纵向排水沟，防止雨水入渗，以免继续滑塌。

4. 溢洪道衬砌裂缝的处理

溢洪道的闸墩、溢流堰、边墙、底板、消能工等一般由浆砌石或混凝土衬砌筑成，裂缝是常见的病害现象。

靠坝挡墙的裂缝危害性更大，必须处理，否则泄洪时水流渗入坝体内，会引起垮坝等重大事故。

产生的原因多是由于砌体施工质量差、材料强度不够或基础沉陷不均，或温度变化引起的。危害大的贯穿性裂缝，不仅破坏了建筑物的整体且降低了结构的强度，而后形成漏水通道。应针对各部位裂缝产生的原因进行处理。处理措施主要如下：

（1）由于地基特别是土基不均匀沉陷引起的裂缝应首先加固地基（例如采用灌浆的方法），基本稳定后用凿槽嵌补的办法，即用水泥砂浆或环氧砂浆堵塞裂缝。

（2）伸缩缝漏水，则可在渗水出口缝上凿槽，将漏水集中导开，或用速凝剂堵漏后用水泥砂浆或环氧砂浆嵌补。

（3）挡土墙因排水堵塞而产生的裂缝，就应设法疏通排水，然后对裂缝再凿槽填补。

5. 溢洪道消能设施的加固

陡坡溢洪道泄放洪水时，一般水流湍急，特别是陡坡段末端流速大，消力池中齿坎、消力墩容易被冲击而破坏，消力池底、池壁会因冲刷而松动、坍陷，甚至冲毁。有的消力池在风化基岩或土基上，由于冲刷淘蚀不断扩大，还会造成尾水渠改道，损毁农田。消力池的加固措施有：若消力池的破坏是由于池深太浅、池长不够或施工质量差引起冲毁，应根据溢洪道水力计算，确定所需的消力池尺寸进行修复。也可以利用冲坏地形的冲坑范围重做消力池，增设辅助消能，设尾坎和陡坡梯步。在消力池后设尾坎可以减少池长和池深，也可以保护尾坎后的河床。陡坡梯步适用于陡坡段消力池都需加固的工程。它是将陡坡段衬砌作成台阶式，坎高30～40m，从而减小陡坡末端的流速，即减小水流对下游的冲刷，也可以缩短池长和池深。

6. 溢洪道接触渗漏破坏的处理

山塘的溢洪道多在坝端布置，边墙（边墩）与土坝体或岸坡相接。往往由于砌筑时质量差，坐浆不饱满，墙后填土回填过早或夯压不实，常产生沿墙背面与坝体或山体间沿接触面的渗漏破坏。若在汛期泄洪时发生，后果更为严重。其处理措施主要如下：

（1）培厚加固边墙。培厚只能在枯水期从边墙背水面进行（不减少过水断面尺寸）。即处理好地基后，将原有砌体清洗干净，如系混凝土边墙则需凿毛洗净，加作新增断面砌体，处理好新老结合面。回填前应在边墙背面抹一层浓泥浆或水泥浆，然后分层回填夯实。

（2）增建刺墙。对坝体与边墙之间发生接触集中渗漏，或边墙发生裂缝时，可将边墙拆除重作。同时，在墙背面加作一段刺墙伸入土坝以增长渗漏途径，防止渗漏破坏，如图3-9所示。

（3）充填灌浆处理。墙后接触集中渗漏，当边墙较高、增厚或拆除重作工作量大时，可以采用沿边墙0.5～1.01m范围内，布孔灌浆充填处理，孔距可为3～5m。靠近土坝体一侧灌注黏土浆，靠近山坡一侧可灌注水泥浆或水泥黏土浆。

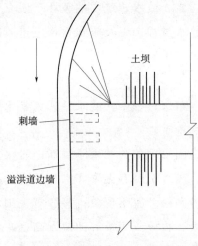

图 3-9　刺墙伸入土坝示意图

五、放水设施的检查与病害处理

山塘的放水设施大多采用坝下涵管，如图 3-10 所示。

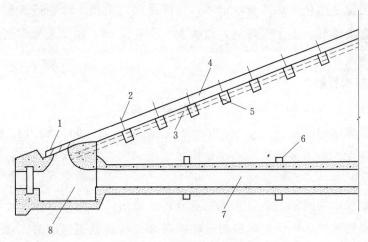

图 3-10　斜拉闸门式涵管

1—斜拉闸门；2—支柱；3—通气孔；4—拉杆；

5—混凝土块体；6—截水环；7—涵管；8—消能井

（一）放水设施的检查

放水设施在运行过程中，启闭设备和坝下涵洞常常可能发生异常现象。特别是坝下涵洞断裂漏水、汽蚀等病害，会危及坝身安全；启闭设备发生破坏，如闸门汽蚀、卧管漏水或启闭钢丝绳断裂、丝杆弯曲等，虽对坝体安全影响不大，但会影响灌溉效益，甚至不能放水灌溉。放水建筑物的破坏一般有一个发展过程，事故前会有征兆，因此在放水前、放水过程中以及放水后都应进行检查观察，以便及时发现问题，采取处理措施，防患于未然。

1. 运用前的检查

放水前，特别是山塘在蓄水过程中，或水位达正常水位时，在卧管或放水闸门关闭的情况下，应进行全面检查。

（1）检查涵洞内是否有漏水现象。如果涵洞断面较大，能进入，则进洞内仔细观察。注意洞壁是否阴湿，渗水情况有无渗浑水、碳酸钙析出物及集中漏水点、射流等；洞内衬砌是否有裂缝和松动脱落现象；接缝有无损坏、错位，并将漏水的部位（如离出口的距离，侧墙、顶板或底板等的位置高低）做好记录，给处理时提供依据。对涵洞断面较小不能进入的，发现涵洞内有漏水流出，需要随时观察、正确判断，判断是卧管或闸门漏水，还是涵洞漏水，如果当水位下降到某一水位不再放水时，涵洞内没有渗水流出，则有可能是这一水位以上的卧管漏水。

（2）检查涵洞所在的坝段，看坝面或进口周围有无裂缝或塌坑的征兆。检查蓄水后的下游坡面，看涵洞出口周围坝面有无潮湿或集中漏水现象等。同时注意检查渗漏水量的变化及颜色。如卧管漏清水，可能是闸门关闭不严而造成漏水，也可能是无压涵洞管壁渗漏。应加强观测，监视漏水变化情况，如发现异常现象，需要及时采取措施。

2. 运用期的检查

放水设备每次放水期间都要认真进行检查和观察。

（1）注意观察闸门是否产生振动，通气孔是否畅通。倾听洞内有无异常声音，如有咕咚咚阵发性响声或轰隆隆的爆炸声，说明洞内有充满水流和明流交替出现的情况，或有的部位已产生汽蚀现象。

（2）注意放水期间涵洞出口水流是否有浑水流出，如漏浑水说明已形成渗水通道，坝体土粒被水流带出，坝体已遭受渗漏破坏，特别是钢筋混凝土压力涵管放水期间，如发现洞内有浑水流出，说明坝体土粒已被水流带走。情况危急，就要尽快将库水位降低，以免造成重大事故。

（3）要经常注意检查观察洞的出口流态是否正常，消能设备有无破坏现象，无压涵洞是否有水流充满涵洞断面四分之三以上或满流状态产生。

3. 停水后检查

涵洞每次输水后都要进行检查，特别是水位降至死水位或停水时，要注意检查蓄水运行或放水期不能检查到的部位。如检查闸门门槽附近有无汽蚀现象，竖井后的涵洞有无断裂现象，卧管之间与消力池连接处有无汽蚀现象及漏水孔洞的痕迹等。停水后对涵洞断面大的，能进入的要进洞检查洞壁有无漏水的孔隙或漏水的痕迹，观察灰浆有无脱落，有无裂缝、漏水等，并标注出部位及裂缝宽度、长度、走向和位置，做好记录，为处理提供依据。

（二）放水设施的病害处理

1. 坝下涵洞（管）断裂与漏水的原因

从各地山塘运行实践中，坝下涵洞（管）常常发生断裂和漏水等病害现象。断裂和漏水的原因不尽相同，但是涵洞断裂往往会导致漏水。以下分别介绍涵洞（管）断裂和漏水的原因。

（1）坝下涵洞（管）断裂的原因。

1）基础处理不当。由于涵洞（管）基础性质不同，一部分管段铺设在岩基上，而另一部分设在土基上，由于涵洞（管）基础未经加固处理或处理不当，因沉陷不均引起洞（管）身断裂。还有不少涵洞（管）铺设在未经处理的软弱基础上，即便是比较均匀的软土地基，但往往由于涵洞上部坝体填筑高度不同，荷载相差很大，而产生不均匀沉陷，使洞身产生裂缝，甚至断裂，贯穿洞壁，酿成漏水。

2）结构强度不够。涵洞（管）选用材料不当，洞身衬砌单薄或施工质量不良。特别是顶板厚度尺寸偏小，强度不足。一些混凝土管由于采用水泥质量低劣，骨料级配不良，混凝土均匀性和密实性差。长期运行后管壁出现了蜂窝麻面、混凝碳化等现象，使混凝土管的承载能力大大降低，出现裂缝断裂，并导致渗漏。

3）无压涵洞有压运行。这是涵洞运行多年以后，产生断裂的主要原因。好些小型水库等管理运用不当，由于溢洪道洪水标准偏低，在汛期多用涵洞排洪加大泄量，往往使洞内充满水，将无压设计的涵洞变为有压运行，而使涵洞断裂。

4）未设伸缩缝。有的混凝土涵管或浆砌石涵洞的洞身较长，未设沉陷、伸缩缝，由于温度变化也会使涵洞产生裂缝。

（2）坝下涵洞（管）漏水的原因。坝下涵洞（管）除断裂引起漏水外，往往无断裂也会产生漏水，常常有"十涵九漏"之说，涵洞漏水是常见病害，其原因如下：

1）沿涵洞（管）壁外的纵向漏水。

a. 由于施工时洞壁外填土质量差，夯压不及时，或未用墙锤拍实，使得洞外壁填土和洞壁结合不严密，特别是通过斜墙心墙土料防渗体的地段，是纵向渗漏的易发部位。蓄水后，水流易于沿洞（管）外壁由上游往下游接触渗漏，逐步形成漏水通道。

b. 设置截水环太少或未设置截水环。由于渗径短，使洞（管）壁外与土体间容易产生接触渗漏。

2）穿过涵洞（管）壁的横向漏水。有时纵向漏水也可穿过洞壁接头或其他漏水点进入洞内，造成横向漏水，其原因如下：

a. 施工质量差。对于浆砌石涵洞，若其石质差而又未在洞外壁作"涵衣"或使用石灰等低标号砂浆砌筑，并且砌缝砂浆不饱满，施工留有孔隙，盖板与侧墙搭接不好，均可造成穿过洞壁的横向漏水。纵向漏水和渗水均可沿灰缝等薄弱处进入涵洞，使洞内壁洇湿或渗水。严重的成股状集中渗流，有时成射流，导致流土，坝面出现塌坑。

b. 混凝土涵管浇注质量差。水灰比不适当，振捣不实，接头处理不彻底，养护不好或设置的沉陷、伸缩缝止水断裂，或填料老化、止水不严等原因可造成横向漏水。

3）压力涵洞的接头或裂缝等薄弱环节，在水压力的作用下最容易产生水从洞（管）内向洞外渗漏，并从洞（管）外壁向土坝背水坡渗漏，严重的形成坝面塌坑，甚至溃坝失事。

4）不少小型水库大坝加高扩建时，涵洞（管）延长，新老洞（管）断面不一致，坝体内接头处很难处理好，常常成为严重渗漏甚至土坝溃决的重要原因。

5）废弃涵洞（管）处理不当。很多小型水库修建时，在坝底部作施工导流用的涵洞（管），或灌溉涵洞因漏水严重而采取将涵洞内充填塞满，废弃不用，另建新洞的办法。由于沿废弃涵洞（管）外壁与土坝体之间依然存在纵向的渗漏通道，因此仍长期漏水，甚至导致管涌溃坝。

（3）坝下涵洞断裂与漏水的处理。坝下涵洞断裂与漏水的处理，除针对产生问题的原因外，更重要的是根据施工条件决定。因坝下涵洞（管）的处理，受水库蓄水限制、施工时间紧迫，以及涵洞断面大小、能否进入等各种因素的制约，必须根据具体情况选定。近十年来，各地在处理坝下涵洞断裂漏水、汽蚀病害中，总结了不少好的经验和加固处理方法。

1）翻修加固涵洞。适用于坝较低，涵洞（管）断面小的情况。由于涵洞基础的原因造成裂缝或断裂。当裂缝出现在洞（管）出口以及涵卧管连接处的消力池附近，或裂缝已导致严重渗漏，危及水库安全或正常蓄水时，可直接开挖坝体进行进出口局部翻修加固，也有的全部彻底翻修加固。

a. 加固地基。将涵洞建在均一坚实的基础上，在岩基与土基交接地段加固的具体做法是开挖坝体后（楔形开挖），先清除土基部分的表土、松土、淤泥，开挖到天然土层，均匀夯打几遍，然后再分层回填三合土，每层土厚 25～35cm，分层夯实，回填到离相邻岩石 1m 左右，再用浆砌块石砌至与岩基面齐平。砌体周围均回填三合土，同样采用分层回填夯实。将涵洞建在均一坚实的基础上，按重新设计的加大断面进行施工彻底整治。

b. 岩石基础有局部风化破碎软弱带，应开挖到一定深度，然后回填三合土，或用混凝土加固底板。但是如果坝较高，开挖工程量大，由于枯水期施工时间短，因此要慎重选择翻修加固方案。

2）灌浆防渗处理。采用灌浆的办法处理坝下涵洞纵横向漏水，的确是一种多、快、好、省的技术措施，这种整治方法用工少，投资省，设备简单，施工技术容易掌握，整治不影响蓄水灌溉，适用范围广，效果好。

a. 坝面钻孔灌浆。该方法适用于断面较小的涵洞渗漏处理，对废弃涵洞的漏水处理也适用。小型水库的涵洞一般断面较小，人不能进入，则从坝面沿涵洞轴线钻孔灌浆，充填沿涵洞外壁与坝体接触面之间的纵向渗漏通道，提高密实度，可以改善防渗能力。孔距一般沿涵洞轴线 $4 \sim 6 \mathrm{m}$，单排布孔。钻孔深可达洞顶以上 $0.5 \mathrm{m}$ 左右，也可沿涵洞两侧，梅花形布孔。灌浆材料多用黏土水泥浆，掺和 $10\% \sim 20\%$ 的水泥。灌浆孔口压力保持 $0.1 \sim 0.2 \mathrm{MPa}$，可以根据渗漏的实际情况确定。钻灌时可分序进行，浆液由稀到浓。对人能进去的涵洞灌浆时，在裂缝或砌缝孔眼处出现冒浆现象，不要急于封堵，待冒出稠浆后再降低灌浆压力，用碎布、麻丝等物封堵，然后慢慢升高压力达设计值，待到孔口冒浆终止。

b. 反压灌浆法。在涵洞内沿洞壁或在漏水点布孔，在灌浆压力作用下，浆液沿漏水通道顶水流方向而上，至需要充填的地方，来封堵漏水通道。此法适用于断面较大的涵洞（人能进入操作）渗漏处理，在洞内钻孔，进行反压灌浆，与坝面钻孔灌注比较可节省钻灌进尺。不需钻孔机械设备，方法简单、可靠、经济。

反压灌浆的经验作法是：在裂缝和漏水点处，用风钻或用钢钎人工凿孔，孔深以不凿穿洞壁或涵衣为限，并在孔内埋设灌浆管，然后进行灌注水泥浆。

在不降低水位情况下灌浆堵漏时，不宜先灌漏水量大的孔。

3）内套管加固。内套管加固，即在涵洞用内套管方法来进行涵洞结构补强，适用于断面较大的涵洞，由于结构强度不够产生大范围的纵向裂缝，或较严重的环向裂缝漏水处理。一般常用的套管有钢管、铸铁管、钢筋混凝土管。在处理前必须将黏附在洞壁上的杂物，如铁锈水沉积物、游离碳酸钙析出物等刷洗掉，并对老洞壁进行凿毛、润湿，以便新老管壁较好地结合。在套管结束后，必须对新老管壁间充填水泥砂浆或预埋骨料再进行压力灌浆处理。同时还需在坝面沿涵洞轴线布孔灌浆，将老管外壁与坝体之间的纵向漏水通道充填密实。此法要视洞身破坏程度，在施工条件允许情况下与其他处理方案比较后再选取。

4）修补加固。修补加固，即用化学材料修补涵洞（管）裂缝及混凝土局部破坏，可恢复其整体性并防止漏水，适用于埋管中在温度应力作用下产生的环向裂缝的修补加固。

a. 对裂缝、漏水点一般采用外贴内灌的方法处理，其作法是先进行表面处理，将原混凝土面凿毛或沿裂缝凿成 V 形槽，清洗后涂环氧基液、环氧砂浆，再对裂缝、漏水点用内部灌环氧基液或水泥浆充填，最后在表面贴玻璃丝布。

b. 伸缩缝的修补。首先在原伸缩缝处凿宽 20cm、深 1～2cm 的圆环形槽，清洗干净后涂环氧基液，再在经过打毛和硫酸处理的平板橡皮表面涂环氧基液，贴在槽中，最后用环氧砂浆将槽填平，装模板支撑加压，一般两天可拆模。若有些埋管未设伸缩缝，或伸缩缝间距过大时，可在适当的贯穿性环向裂缝处加做伸缩缝。具体做法与伸缩缝的修补相同。

5）顶管法换管。顶管法换管是在土坝的一侧将预制的管段钢筋混凝土管、铸铁管等按设计要求，用千斤顶逐节顶进坝体内，然后再进行充填灌浆处理，如图 3-11 所示。此种方法适用于土坝较高，原建涵洞洞径小而又断裂漏水损坏严重，需另建无压明流涵管的情况。

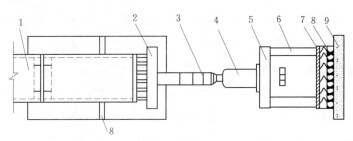

图 3-11　顶管工作坑平面布置图

1—输水管；2—钢横梁；3—顶铁；4—油压千斤顶；5—横梁；

6—顶梁；7—钢板；8—枕木；9—钢筋混凝土后座

6）坝下涵洞（管）的改建。坝下涵洞（管）发生断裂、漏水、汽蚀等严重损坏时，要进行改建。除前面介绍的翻修加固、顶管法换管等改造形式外，还可做如下处理：

a. 废弃旧管，另建坝下涵洞。选定涵洞位置，注意基础处理。涵洞基础应选在土坝两端老土或岩基上，严禁放在松软土基上，尽量避免一部分放到软基，另一部分放到岩基上。若不可避免时应在其交界处设沉陷缝。缝内用油毛毡涂沥青或塑料止水填塞，在缝的周围铺设石子、中砂、细砂组成的反滤层。对基础裂缝及风化岩石均应进行处理。

b. 涵洞断面的确定。如放水流量较小，应视施工和管理方便确定。

c. 做好截水环。洞身进出口的耳墙、翼墙可起到首尾段的截流作用，还应在洞身上游段每隔 10cm 和下游段每隔 20m 左右做若干道截流环，截流环与管身相接，并凸出洞身周围（底、顶、两侧）做 60～100cm 的砌石或混凝土建筑物，如为岩石基础，底部加深 30cm 即可。截流环厚度一般用厚 30～40cm 的混凝土。

d. 对废弃的涵管除堵塞外，还需沿管轴线布孔灌浆，对涵管外壁与土体间的纵向渗漏通道应充填密实，否则将遗留后患。

7）另建输水隧洞。有的水库在地形、地质条件适合的情况下，将放水隧洞置于坝端两岸的山岩中，进口与竖井闸门或斜坡式取水口等衔接，出口与渠道相连。放水隧洞与大坝位置上不发生交叉关系，万一出现问题时不影响大坝安全。但是隧洞在地下施工，受到一定空间的限制，场地窄，工序多，技术要求比涵管复杂，工程造价较高，同时受到地形、地质条件的限制，一般如无特殊需要，不宜改建新修放水隧洞。如新修隧洞，对原废弃涵洞，也得进行灌浆处理，消除隐患。因此，改建方案时宜多方案比较，既要安全可靠又要经济合理，选择最佳方案。

8）坝肩非开挖导向钻孔埋管。非开挖技术是指利用少开挖或不开挖的方法对地下管线、管道进行铺设、维修、更换或者探测的一门施工技术。非开挖施工应用了定向钻进技术的原理，极大地降低了地下管线施工对交通、环境、基础设施、居民生活工作等造成的影响，成为现代城市基础设施施工、建设、管理的一个重要组成部分。非开挖水平定向钻孔技术是一种投资较隧洞小、相对安全、对原有坝体没有扰动的放水设施处理方法，平面上的布置要求与隧洞基本一致。一般工序主要包括：施工场地清理，钻机地锚固定，钻机就位调试、水平钻孔、扩孔、套管回拖及套管外围回填灌浆等（图 3 - 12）。

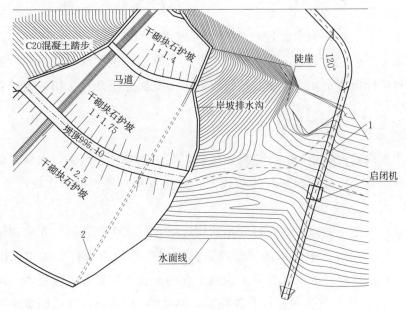

图 3 - 12　坝肩非开挖导向钻孔埋管平面布置图

1—坝肩非开挖导向钻孔埋管；2—现有坝下埋管

六、山塘险情抢护

土石坝主要由散粒体组成。汛期土石坝，受洪水威胁大，是防汛抢险的重点。其主要险情类型包括管涌、流土、漏洞、塌坑和渗水等。

(一) 管涌、流土抢护

当高水位时，坝基中的渗透水流常有可能导致坝下游坡脚附近发生管涌或流土，如图3-13所示。

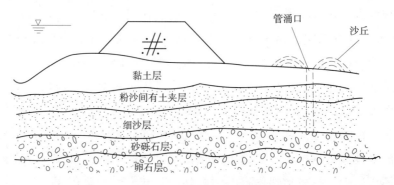

管涌口 沙丘

黏土层
粉沙间有土夹层
细沙层
砂砾石层
卵石层

图3-13 管涌险情示意图

坝基管涌、流土的发生，其渗流入渗点一般在坝的临水面深水下的强透水层露头处，或上游防渗铺盖较薄，质量差，在高水头的作用下，穿透防渗设施而形成的。由于水深，很难在临水面进行处理，一般均在背水面进行抢险。其抢护原则，应以"反滤导渗，控制涌水，留有渗水出路"为原则。这样既可使粉细沙层不再被破坏，又可以降低渗水压力，使险情得以稳定。下面介绍几种常用的抢护管涌、流土的方法。

1. 反滤压盖

在背水坝脚附近险情处，抢筑反滤压盖，制止地基土沙流失，以稳定险情。一般适用于管涌或流土处数较多，面积较大，并连成片，渗水涌沙比较严重的地方，如图3-14所示。

(1) 砂石反滤压盖。在砂石料充足的情况下，可以优先选用。先清理铺设范围内的杂物和软泥，对其中涌水涌沙较严重的出口先用块石或砖块抛填，以消杀水势。同时，在已清理好的大片有管涌或流土群的面积上，普遍盖压粗砂一层，厚约20cm，其上先后铺小石子和大石子各一层，厚度均约20cm，最后压盖块石一层或多层，加以保护，如图3-15所示。

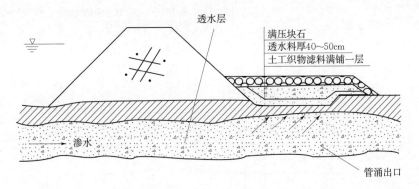

图 3-14 土工织物反滤压盖

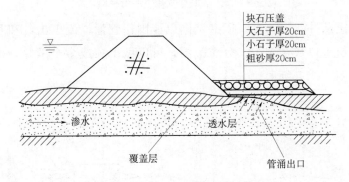

图 3-15 砂石反滤压盖示意图

（2）梢料反滤压盖。在土工织物和砂石料缺少的地方，也可以就地取材，采用梢料反滤压盖。先清理地基，而后铺细梢料，如麦秸、稻草等厚 10～15cm，再铺粗梢料，如柳枝和林秸等厚 15～20cm，粗细梢料共厚 30cm，然后上铺席片或草垫等。这样层梢层席，视情况可只铺一层或连续数层，然后上面压盖块石或沙袋，以免梢料漂浮。必要时再盖压透水性大的沙土，修成梢料透水平台。但梢层末端应露出平台脚外，以利渗水排出。总的厚度以能制止涌水带出细沙，浑水变清水，稳定险情为原则，如图 3-16 所示。

2. 反滤围井

在管涌、流土处，抢筑反滤围井，制止涌水带沙，防止险情扩大。一般适用于背水坡脚附近地面的管涌、流土数目不多、面积不大的情况，或者数目虽多，但未连成大面积，可以分片处理。对位于水下的管涌、流土，当水深较浅，也可采用此法。根据所用导渗材料不同，具体做法如下：

（1）土工织物反滤围井。当上下游水头差较小时，可采用此法。在抢筑时，先将围井范围内一切带有尖、棱的石块和杂物清除，表面加以平整。而后铺土工织物，在其上填筑砂袋或砂砾石透水料，周围用土袋垒砌，做成围井。围井高度以能

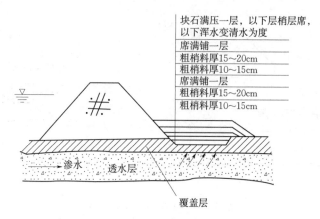

图 3-16　梢料反滤压盖示意图

使渗水不挟带土从井冒出为度。围井范围以能围住管涌、流土出口和利于土工织物铺设为度。按出水口数量多少、分布范围，可以做单独或多个围井，也可连片围成较大的井，如图 3-17 所示。

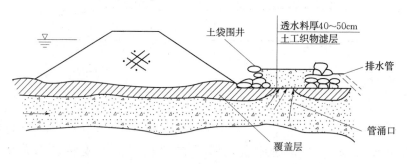

图 3-17　土工织物反滤围井示意图

（2）砂石反滤围井。在抢筑时，其施工方法与土工织物反滤围井基本相同，只是用砂石反滤料代替土工织物。按反滤要求，分层抢铺粗砂、小石子和大石子，每层厚度 20~30cm。反滤围井完成后，如发现填料下沉，可继续补充滤料，直到稳定为止。砂石反滤围井筑好后，管涌、流土险情已经稳定，再在围井下端，用竹管或钢管穿过井壁，将围井内的水位适当排降，以免井内水位过高，导致围井附近再次发生管涌、流土和井壁倒塌，造成更大险情，如图 3-18 所示。

（3）背水月堤。当背水坝脚附近出现分布范围较大的管涌群时，可以在坝的背水坡脚附近抢筑月堤，截蓄涌水，抬高水位。月堤可随水位升高而加高加固，直到制止涌水带沙，险情趋于稳定为止。对背水月堤的实施，必须慎重考虑月堤填筑工作量与完工时间，是否能适应管涌、流土险情的发展和安全的需要，如图 3-19 所示。

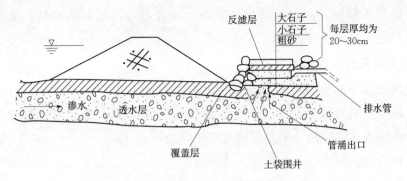

图 3-18 砂石反滤围井示意图

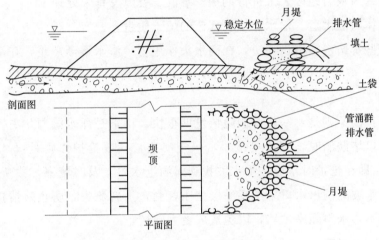

图 3-19 背水月堤示意图

3. 抢护管涌和流土应注意事项

（1）在坝的背水坡附近抢护时，切忌使用不透水的材料堵塞，以免截断排水出路，造成渗透坡降加大，使险情恶化。

（2）坝的背水坡抢筑压渗台，不能使用黏土料，以免造成渗水无法排出，加剧险情。

（3）对无滤层减压围井法的采用，必须具备减压围井法所提出的条件，同时由于井内水位高，压力大，井壁要有足够的高度和强度，并应严密监视井壁周围地面是否有新的管涌出现。同时，还应注意避免在险区附近挖坑取土。

（4）对局部的管涌、流土险情抢护，应以反滤围井为主，并优先选用砂石反滤围井，辅以其他措施。反滤层盖压及压渗台适用于普遍渗水的地区。

（二）漏洞抢护

在高水位情况下，坝的背水坡及坡脚附近出现横贯坝身或基础的渗流孔洞，称为漏洞。如漏洞出流浑水，或由清变浑，或时清时浑，均表明漏洞正在迅速扩大，土坝有可能发生塌陷，甚至有溃决的危险。因此，对待漏洞的险情，必须慎重对待，全力以赴，迅速进行抢护。

1. 发生漏洞的原因和抢护原则

土坝发生漏洞的原因是多方面的，但主要原因是：

（1）坝身填筑质量差，如土料含沙量大、有机质多、土块没有打碎、冻土上坝，以及夯压不实，分段、分块填筑接缝未结合好等。

（2）坝身存在隐患，如白蚁穴、兽洞等。

（3）坝基（含两岸接坡）未处理或处理不彻底。

（4）坝基为灰岩地区，未进行勘探，溶洞、裂隙发育未处理。

（5）坝体与溢洪道、输水洞结合部位的填土质量差。

所有这些都给渗漏提供通道，在高水头作用下，渗水逐渐严重，在渗水集中的地方，细土粒被带起，沿背水坡流出，水由清变浑，孔洞由小变大，以致形成漏洞。

漏洞抢护的原则是：一般漏洞险情发展很快，特别是浑水漏洞，更容易危及坝身安全，所以堵漏洞时，要抢早抢小，一气呵成。一般抢护原则是："前堵后排、堵排并举"，即在抢护时，应在临水坡找到漏洞进水口，及时堵塞，截断漏水来源。同时，在背水坡漏洞出水口采用反滤层盖压，制止土料流失，防止险情扩大，切忌在背水坡用不透水料强塞硬堵，以免造成更大险情。

2. 漏洞的探查

在抢护以前，为了准确截断水源，要探查进水口的位置，常用方法如下：

（1）水面观察。在水深较浅无风浪时，漏洞进水口附近的水体易出现漩涡，所以要仔细查看水面有无漩流。如果看到漩涡，即可确定漩涡下有漏洞进水口，如漩涡不明显，可将麦秸、谷糠、锯末、碎草和纸屑等漂浮物撒于水面，如果发现这些东西在水面打旋或集中一处，即表明此处水下有进水口。如在夜间时，除用照明设备进行查看外，也可用柴草扎成数个漂浮物，用几根竹签串上 2～3 个蓖麻子，点燃后，插在漂浮物上。在漏水坝段上游，将漂浮物放入水中，待流到洞口附近，借火光发现漂浮物如有旋转现象，即表明该处水下有洞口。

（2）布幕、席片探洞。在迎水坝坡比较平整的坝段发现漏洞时，库水位又不能及时降低，可用布幕或连成一体的席片，用绳索将其拴好，并适当坠以重物，使其能沉没于水中，并紧贴坝坡移动。如感到拖拉费力，并辨明不是有块石阻挡，且观察出口水流减弱，即说明这里有漏洞的进口。

（3）投放颜料，观察水色。在出现漏洞的坝段，分段分期分别撒放易溶于水的带色颜料，如高锰酸钾等，记录每次投放时间，并设专人在坝的背水坡漏洞出水口处观察，如发现出口水流颜色改变，并记录时间，即可判断漏洞进水口的位置和渗透流速大小。然后更换带色颜料，进一步缩小投放范围，漏洞进水口便可较准确地找出。

（4）麻秆探洞。取矩形白铁片两块，中间各剪半条缝，相互卡成十字形，系牢扎紧在麻秆的下端。麻秆长度视水深确定。麻秆上端可插小红旗或鸡翎作为标志。并用铅丝系以葫芦或木片等物，使其漂浮于水面，上边再插小红旗。做时应先试验，铁片的重量或加配重以能把麻秆竖直，并使其上端露出水面约 10cm 为宜。用时先在顶端拴一细麻绳，抛在深水地段的上游，待浮到漏水洞口，必然旋转下降，再顺麻绳去探摸，即可找到洞口。试探时，可由近而远，上下游多做几次，也可以一次扔出很多个。如在夜间可用电池灯作为标志，取柳棍代替麻秆，下端的做法同上。上端用锯开的圆形葫芦的一半，呈碗状，中间钉一圆形木盖，木盖中心开一小孔，直径约 2cm，取电池一节，用铅丝联系好，再用小灯泡一个，插入中间孔中直立，葫芦边沿再插上 3～4 面小红旗。此物构造简单，使用灵活，即可在夜间使用，也可在白天使用。

（5）潜水探漏。如库水很深，水面看不到漩涡，需要潜水探摸漏洞进水口，其方法是：用一长杆（一般长 4～6m），其一端捆扎一些短布条，潜水人员握另一端，沿临水坡面潜入水中，由上而下，由近而远，持杆进行探摸，如遇有漏洞，洞口水流吸引力可将短布条吸入，移动困难，即可确定洞口的大致范围。然后在船上用麻绳系石块或土袋，进一步探摸，遇到洞口处，石块被吸着，提不上来，即可断定洞口的具体位置。对潜水探漏人员，应准备必要的安全设施，确保人身安全。

3. 漏洞的抢护措施

常用的漏洞抢护方法如下：

（1）临水堵洞。当洞口较小时，一般可用土工膜、篷布盖堵、软性材料堵塞，并盖压闭气；当洞口较大，堵塞不易时，可利用软帘、网兜、薄板等覆盖的办法进行堵截；必要时，可在临水坡面进行黏土外帮坡，以起到防漏作用。

1）塞堵法。当漏洞进口较小，周围土质较硬时，可用棉衣、棉被、草包或编织袋等物填塞。

2）盖堵法。用铁锅、软帘、网兜和薄木板等物，先盖住漏洞的进水口，然后在上面再抛压土袋或抛填黏土闭气，以截断漏洞的水流，如图 3-20、图 3-21 所示。

3）网兜盖堵。在洞口较大的情况下，也可以用预制的方形网兜在漏洞进口盖堵。制作网兜一般采用直径 1cm 左右的麻绳，织成网眼为 20cm 的网，周围再用直径 3cm 的麻绳作网框，网宽一般 2～3m，长度应为进水口至坝顶的边长两倍以上。

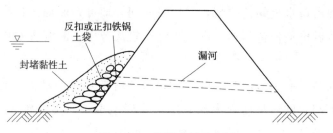

图 3-20 铁锅盖堵示意图

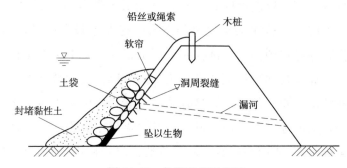

图 3-21 软帘盖堵示意图

在抢堵时，将网折起，两端一并系牢于坝顶的木桩上，网中间折叠处坠以重物，将网顺边坡沉下成网兜形，然后在网中抛以草泥或其他物料，以堵塞洞口。待洞口覆盖完成后，再压土袋，并抛填黏土，封闭洞口。

4）戗堤法。当坝的临水坡漏洞口较多较小，范围又较大，进水口难以找准或找不全时，可采用抛黏土填筑前戗或临水筑月堤的办法进行抢堵，具体做法是：抛填黏土前戗，根据漏水坝段的临水深度和漏水严重程度，确定抛填前戗的尺寸。一般顶宽 2～3m，长度最少超过漏水坝段两端各 3m，戗顶高出水面约 1m，水下坡度应以边坡稳定为度。在临水坝肩上准备好黏土，然后集中力量沿临水坡由上而下，由里向外，向水中缓慢推下。由于土料入水后的崩解、沉积和固结作用，形成截漏戗体。抛土时切忌用车拉土向水中猛倒，以免沉积不实，降低截渗效果。在抛土前，对已找到的洞应采用盖堵法封堵。然后倒土，一气呵成，达到截渗的目的，如图 3-22 所示。

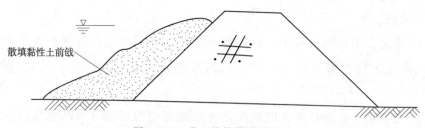

图 3-22 黏土前戗截漏示意图

（2）背水导渗。探查漏洞进口的抢堵，均在水面以下摸索进行，要做到准确无误，不遗漏，并能顺利堵住全部进水口，截断水源，难度很大。为了保证工程安全，在临水截堵漏洞的同时，还必须在背水漏洞出口抢做反滤导渗，以制止坝体土料流出，防止险情继续扩大。采用的方法有反滤层盖压、透水压渗台（适用于出口小而多）和反滤围井（用于集中的大洞）等办法，这些方法已在管涌流土抢险中加以论述，此处从略。

4. 漏洞抢险应注意的事项

（1）在抢堵漏洞进水口时，切忌乱抛砖石等块状物料，以免架空，使漏洞继续发展扩大。在漏洞出水口处，切忌用不透水料强塞硬堵，导致堵住一处，附近又出现一处，愈堵漏洞愈大，致使险情扩大。

（2）采用盖堵法抢护漏洞进口时，需防止在刚盖堵时，由于洞内断流，外部水压力增大，从洞口覆盖物的四周进水。因此，洞口覆盖后立即封严四周，同时迅速压土闭气，否则一次盖堵失败，洞口扩大，增加再堵的困难。

（3）无论对漏洞进水口采取哪一种办法探找和抢堵，都应注意人身安全，落实可行的安全措施。

（4）在漏洞抢堵断流后，要用充足的黏土料封堵闭气。

（5）漏洞抢堵闭气后，还应有专人看守观察，以防再次出险。

（6）凡发生漏洞险情的坝段，汛期以后，库水位较低时，应进行钻探灌浆加固。必要时，再进行开挖翻筑。

（三）塌坑抢险

在持续高水位情况下，在坝的顶部、迎水坡、背水坡及其坡脚附近突然发生局部下陷而形成的险情，称为塌坑。这种险情既破坏坝的完整性，又有可能缩短渗径，有时还伴随渗水、管涌、流土或漏洞等险情同时发生，危及坝的安全。

1. 塌坑的原因

塌坑险情的发生，主要原因如下：

（1）施工质量差，土坝分段施工，接头处未处理好，夯压不实或沙壳浸水湿陷。

（2）基础未处理或处理不彻底。

（3）坝体与输水涵管和溢洪道结合处填筑质量差，在高水头渗透水流的作用下形成的塌坑。

（4）坝身有隐患，如白蚁的蚁穴、蚁路等形成的空洞，遇高水头的浸透或暴雨冲蚀，隐患周围土体湿软下陷而形成塌坑。

（5）伴随管涌、渗水或坝身漏洞的形成，未能及时发现和处理，使坝身或基础内的细土料局部被渗透水流带走、架空,最后上部土体支撑不住,发生下陷,也能形成塌坑。

2. 塌坑险情抢护的主要方法

(1)翻填夯实。凡是在条件许可的情况下,而又未伴随管涌、渗水或漏洞等险情的,均可采用此法。具体做法是:先将塌坑内的松土翻出,然后按原坝体部位要求的土料回填。如有护坡,必须按垫层和块石护砌的要求,恢复原坝状为止。均质土坝翻筑所用土料,如塌坑位于坝顶部或临水坡时,宜用渗透性能小于原坝身的土料,以利截渗;如位于背水坡,宜用透水性能大于原坝身的土料,以利排渗。

(2)填塞封堵。当发生在临水坡的水下塌坑,凡是不具备降低水位或水不太深的情况下,均可采用此法。使用草袋、麻袋或编织袋装黏土直接在水下填实塌坑。必要时可再抛投黏性土,加以封堵和帮宽。以免从陷坑处形成渗水通道,如图3-23所示。

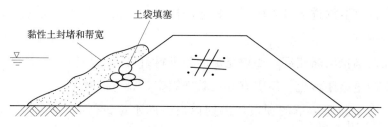

图3-23 封堵塌坑示意图

(3)填筑滤料。塌坑发生在坝的背水坡,伴随发生管涌、渗水或漏洞,形成跌窝,除尽快对坝的迎水坡渗漏通道进行堵截外,对塌坑可采用此法抢护。具体做法是:先将塌坑内松土或湿软土清除,然后在塌坑处,按导渗要求,铺设反滤层,进行抢护,如图3-24所示。

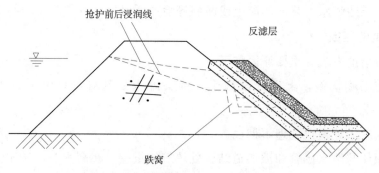

图3-24 用反滤材料抢护塌坑示意图

3. 抢护塌坑险情应注意的事项

(1)在翻筑时,应按土质留足坡度,以免塌陷扩大,并要便于填筑。

(2)抢护塌坑险情,应当查明原因,塌坑往往是一种表面现象,原因是内在的。因此，应针对不同原因，采取不同方法，备足物料，迅速抢护，在抢护过程中，必须密切注意上游水情涨落情况，以免发生重大事故。

（四）渗水抢险

土坝是由土料筑成的，土料都具有一定程度的透水性。在持续高水位的情况下，由于土坝土料选择不当，或夯压不密实、施工质量差等原因，渗透到坝体内部的水分较多，浸润线也明显抬高，在背水坡渗水逸出点以下，土体过分湿润或发软，甚至不断地有水渗出，这种现象，称为渗水。渗水是土坝较常见的险情之一，如不及时处理，有可能发展为滑坡或脱坡、漏洞及塌坑等险情。

1. 土坝渗水的原因

土坝发生渗水的主要原因是：①高水位持续时间较长；②坝坡较陡，坝的断面不足，浸润线抬高，在背水坡滤水体以上出逸；③均质坝身夹有沙层，透水性强；④土坝填筑时，土料多杂质，有较大的干土块或冻土块、夯压不实，施工分段接头未能搭接紧密；⑤坝体本身有隐患，如蚁穴、兽洞等；⑥坝体与输水洞、溢洪道结合处填筑不密实；⑦坝基渗水性强，未采取防渗或截渗措施，坝后排水反滤施工质量差或失效，浸润线抬高，渗水从坡面逸出。

2. 渗水抢护措施

土坝渗水抢护的原则，应是"临水截渗，背水导渗"。临水坡用透水性小的黏土料抛筑前戗，也可用篷布、土工膜隔渗，上压土袋，可以减少水体入渗。背水坡用透水性较大的砂、石或土工织物反滤，把已经入渗的水，通过反滤，有控制地让清水流出，不让土粒流失，从而降低浸润线，保持坝坡稳定。切忌在背水坡用黏性土压渗，这样会阻碍坝体内渗流逸出，反而抬高了浸润线，导致渗水范围扩大，加剧险情。

临水截渗在前面已经提到过多种方法，这里主要介绍背水导渗的措施。

背水导渗：当坝的背水坡大面积严重渗水时，可开挖导渗沟、铺设反滤料、土工织物和加筑透水后戗等办法，使渗水集中排出，降低浸润线，避免水流带走土料颗粒，使险情趋于稳定。

（1）开挖导渗沟。坝的背水坡导渗沟的形式一般有"Y"字形沟和"人"字形沟等，如图3-25所示。沟的尺寸和间距应根据渗水程度确定。沟深一般不小于0.8m，沟宽不小于0.5m，横沟间距不小于3～5m。为了有利于背水坡导渗沟渗水集中排出，在抢筑时，可沿坡脚开挖一条排水纵沟，做好反滤料。纵沟应与附近地面原有排水沟连通，将渗水排至远离坡脚处，然后在边坡上布置导渗沟，与排水纵沟相连。逐段开挖，逐段做好反滤，一直挖填到边坡出现渗水的最高点以上。导渗沟沿坝坡方向的底坡一般与边坡相同，其沟底要求平整顺直。

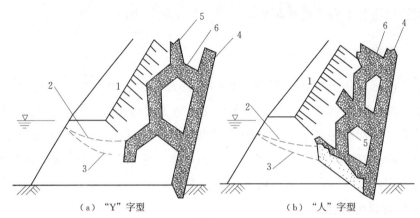

（a）"Y"字型　　　　　　　　（b）"人"字型

图 3-25　导渗沟开沟示意图

1—坝顶；2—开导渗沟以前的浸润线；3—开导渗沟以后的浸润线；

4—纵沟；5—"Y"字形沟、"人"字形沟；6—横沟

导渗沟的铺填方式如下：

1）土工织物导渗沟［图 3-26（a）］。土工织物是一种能够防止土黏粒不被水流带出的导渗层。在铺设时，将其紧贴沟底和沟壁，并在沟口边沿露出一定宽度，然后向沟内细心地填满一般透水料，不必再分粒径分层。在填料时，要避免有棱角或尖头的粒状物直接与土工织物接触，以免刺破。土工织物长宽尺寸不足时，可采用搭接形式，其搭接宽度不小于 50cm。在透水料铺好后，再压以块石或土袋保护。在铺放土工织物过程中，应尽量缩短日晒时间，并使保护层厚度不得小于 0.5m。在紧急情况下，也可用土工织物包梢料捆成枕放在导渗沟内，然后上面铺盖土、沙保护层。

2）砂石导渗沟［见图 3-26（b）］。沟的开挖方法与土工织物导渗沟完全相同。导渗沟内要按反滤层要求分层填筑粗砂、小石子（卵石或碎石，一般粒径 0.5～2.0cm）、大石子（卵石或碎石，一般粒径 4～10cm），每层厚要大于 20cm。砂石料可用天然料或人工料，但务必洁净，否则要影响反滤效果。反滤料铺筑时，要严格掌握下细上粗，两侧细中间粗，分层铺设，切忌粗料（石子）与导渗沟底、沟壁土壤接触，并要求粗细层次分明，不能掺混。为防止泥土掉入导渗沟内阻塞渗水通道，可在导渗沟的砂石料上面铺盖草袋、席片或麦秸，然后压块石或土袋保护。

3）梢料导渗沟［图 3-26（c）］。在土工织物和砂石料都缺少的情况下，为了及时抢护，也可就地采用梢料导渗。开沟方法与土工织物导渗沟相同。

（2）铺设背水反滤层。当土坝坝身透水性较强，背水坡土体过于稀软，经挖沟试验，采用上述导渗沟确有困难，就地反滤料又比较容易取得时，可采用此法抢护。该法是在渗水边坡上满铺反滤材料，使渗水排出。其主要方法如下：

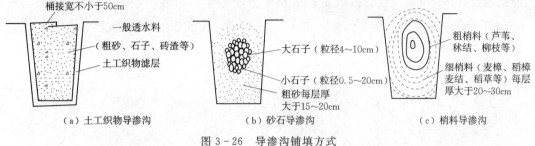

图3-26　导渗沟铺填方式

1）土工织物反滤层。按砂石反滤层的要求，在渗水边坡清理好后，先铺设一层符合滤层要求的土工织物。铺设时应保持搭接宽度不小于50cm。然后再满铺一般透水砂石料，其厚40～50cm。最后再压块石或土、砂袋保护，如图3-27所示。

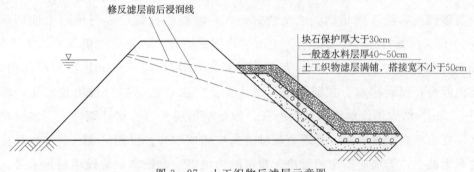

图3-27　土工织物反滤层示意图

2）砂石反滤层。在抢护前，先将渗水边坡的软泥、草皮及杂物等清除，其厚度10～20cm。然后，按要求铺设反滤料。反滤料的质量要求、铺填方法以及保护措施与砂石导渗沟铺筑反滤料相同，如图3-28所示。

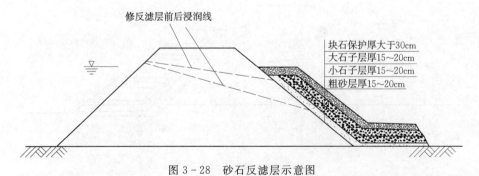

图3-28　砂石反滤层示意图

（3）透水后戗（透水压浸台）。此法既能排出渗水，防止渗透破坏，又能加大坝的断面，达到稳定边坡的目的。一般适用于坝的断面单薄，背水坡较陡，渗水严重的情况。根据使用材料不同，其主要方法如下：

1）砂砾料后戗。在抢筑前，先将背水坡渗水范围内的软泥、草皮及杂物等清除，其深度为10～20cm。然后在清好的基础上，先采用比坝身透水性大的砂料，铺筑厚度 30~50cm，然后再填筑砂砾料，分层夯实。后戗一般高出浸润线出逸点 0.5~1.0m，顶宽 2~4m，戗坡一般 1∶3~1∶5，长度超过渗水坝段两端至少 3m，如图 3-29 所示。

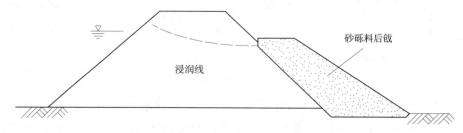

图 3-29 砂砾料后戗示意图

2）梢土后戗。当附近沙土料源缺乏时，也可采用此法。其外形尺寸以及清基要求与砂砾料后戗基本相同。地基清好后，在坡脚拟抢筑后戗的地面上铺梢料厚 30~40cm。在铺料时，要分三层，上下层均用细梢料，如麦秸和稻草等，其厚 5~ 10cm，中层用粗梢料，如柳枝、芦苇和林秸等，其厚 20~30cm。粗料梢部向外，并伸出戗身，以利排水。在铺好梢料透水层上，采用砂砾料分层填筑夯实，填厚 1.0~1.5m。然后仍按地面铺梢料办法，如此层梢层土，直到计划高度。多层梢料透水层要求梢料铺放平顺，并垂直坝轴方向应做成顺坡，以便排水。对渗水严重坝段的背水坡上，为加速渗水的排出，也可顺边坡隔一定距离，铺设梢料透水带，与梢土后戗同时施工。在边坡上铺放梢料透水带，粗料也要顺边坡头尾相接，梢部向下，与梢土后戗内的分层梢料透水层接好，以利于坡面渗水排出，防止边坡土料带出和戗土进入梢料透水层，造成堵塞，如图 3-30 所示。

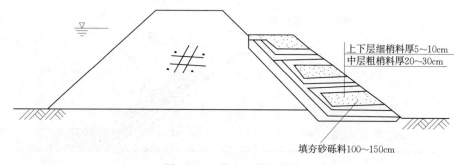

图 3-30 梢土后戗示意图

3. 渗水抢险注意事项

（1）对渗水险情的抢护，临水截渗时，需在水下摸索进行，施工困难，效果较差。为了避免贻误时机，应在临水截渗措施实施的同时，还应在背水面抢护反滤导渗。

（2）在使用土工织物、土工膜及土工编织袋等化纤材料的运输、存放和施工过程中，应尽量避免和缩短其直接受阳光暴晒的时间，并在完工以后，在其表面覆盖一定厚度的保护层。

（3）在渗水坝段的坝脚附近，如系老河道、坑塘，在抢护渗水险情的同时，应在坝脚处抛填块石或土袋固基，以免因坝基变形而引起险情扩大。

（4）采用砂石料导渗，应严格按照质量要求分层铺设，并尽量减少在已铺好的层面上践踏，以免造成滤层的人为破坏。

（5）导渗沟开挖形式，从导渗效果看，"Y"字形和"人"字形较好，因为导渗面积较大，渗水收效快，可结合实际，因地制宜，选定开挖沟的形式。

（6）使用梢料导渗，可以就地取材，施工简便，效果也很显著。但梢料容易腐烂，汛后必须拆除，重新采取其他加固措施。

（7）在抢护渗水险情中，应尽量避免在渗水范围内来往践踏，以免加大加深稀软范围，造成施工困难和扩大险情。

（五）滑坡险情抢护

坝体出现滑坡，主要是边坡失稳，土体的下滑力超过了抗滑力，造成了滑坡险情。开始在坝顶或坝坡上出现裂缝，随着裂缝的发展与加剧，最后形成滑坡。根据滑坡的范围，一般可分为坝身与基础一起滑动和坝身局部滑动两种。前者滑动面较深，裂缝上缘呈圆弧形，缝的上下边有错距，滑动体较大，坡脚附近地面往往被推挤外移、隆起，或沿地基软弱夹层滑动。以上两种滑坡都应及时抢护，以防危及坝身安全。

1. 滑坡的抢护措施

造成滑坡的原因是滑动力大于抗阻力，所以滑坡抢护的原则应该是设法减少滑动力与增加抗阻力，其具体做法可归纳为"上部削坡减载，下部压重固脚"。对因渗流作用而引起的滑坡，必须采取"前堵后排"的措施。上部减载是在滑坡体上部削缓边坡，下部压重是抛石（或土袋）固脚。坝的临水和背水坡滑坡都会危及坝身安全。必须指出，在处理滑坡险情时，如果库水位很高，而又不能降低至迎水坡脚或放空时，抢护临水坡的滑坡，要比背水坡困难得多。因此，为了避免贻误时机，造成灾害，对滑坡的抢护，应以临水坡为主，背水坡为辅，临背并举。

常用的滑坡抢护方法如下：

（1）固脚阻滑。在保证坝身有足够的挡水断面的前提下，将滑坡的主裂缝上部进行削坡，以减少下滑荷载。同时在滑动体坡脚外缘抛块石或沙袋等，作为临时压重固脚，以阻止继续滑动。

（2）滤水土撑。如系背水坡局部滑动，滑坡土体较小，裂缝错位不大，可在其范围内全面抢筑导渗沟，导出滑坡体内渗水，降低浸润线，并采取间隔抢筑滤水土撑，阻止继续滑坡。该法适用于背水坝坡排水不畅，范围较大，取土又较困难坝段。具体做法是：先将滑坡体的松土清理，然后在滑坡体上顺坡挖沟，至坡脚拟筑土撑的部位，沟内按反滤要求铺设土工织物滤层或分层铺填砂石、梢料等反滤材料，并在其上做好覆盖保护。滤沟向下游挖纵向明沟，以利渗水排出。抢护方法同渗水抢险采用的导渗法。土撑可在导渗沟完成后抓紧抢筑，其尺寸应视险情和水情确定。一般每条土撑顺坝轴线方向长 10m 左右，顶宽 5～8m，边坡 1：3～1：5，间距 8～10m，撑顶应高出浸润线出逸点 0.5～2.0m，土撑采用透水性较大的沙料，分层填筑夯实。如坝基处理不好或背水坡脚靠近老河道低洼地带，需先用块石或沙袋固基，或用砂性土填筑，其高度应高出渍水面 0.5～1.0m。在不破坏反滤沟的前提下，土撑与滤沟可以同时进行，如图 3-31 所示。

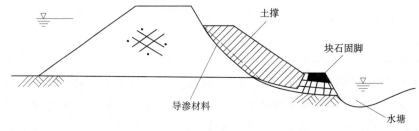

图 3-31　用滤水土撑治理滑坡示意图

（3）滤水后戗。如系背水滑坡，险情严重，可在其范围内全面抢护导渗后戗，既能导出渗水，降低浸润线，又能加大坝的断面，可使险情趋于稳定。此法适用于断面单薄、边坡过陡、有滤水材料和取土较易的情况。具体做法与上述滤水土撑法相同。其区别在于滤水土撑法抢筑土撑是间隔抢筑，而滤水后戗则是全面连续抢筑，其长度应超过滑坡地段的两端各 5～8m。当滑坡面土层过于稀软不易做导渗沟时，也可用土工织物、砂石和梢料作反滤材料的反滤层代替，其具体做法与抢护渗水的反滤层法相同。

2. 滑坡抢护应注意事项

（1）滑坡是土坝重大险情之一，一般发展较快，一旦发现，就要立即采取措施。在抢护时，要抓紧时机，事前把料物准备好，一气呵成。在滑坡险情出现以及抢护中，还可能伴随出现浑水漏洞、管涌、严重渗水以及再次发生滑坡等险情。在这种复杂紧急情况下，不仅只采用单一措施，还应研究选定多种适合险情的抢护方法，如抛石固脚、开沟导渗、滤水土撑及滤水还坡等。在临背水坡同时进行或采用多种方法抢护，以确保土坝安全。

（2）在渗水严重的滑坡体上，要尽量避免大量抢护人员践踏，防止造成险情扩大。如坡脚泥泞，人上不去，可铺土工织物、篷布、芦柴、秸料、草袋等，先上去少数人工作。

（3）抛石固脚阻滑是抢护临水坡行之有效的方法，但一定要探清水下滑坡的位置，然后在滑坡体外缘进行抛石固脚，才能阻止滑坡土体继续滑动。严禁在滑动土体上抛石，这不但不能起到阻滑作用，反而加大了向下的滑动力，会进一步促使土体滑动。

（4）在滑坡抢护中，也不能采用打桩的办法来阻止土体滑动。因为桩的阻滑作用很小，不能抵挡滑坡体的巨大推力，而且打桩会使土体振动，抗剪强度进一步降低，将会促进滑坡险情进一步恶化。

（5）开挖导渗沟，尽可能挖至滑裂面。如情况严重，时间紧迫，不能全部挖至滑裂面时，可将沟的上下两端挖至滑裂面，尽可能下端多挖，也能起到部分作用。导渗材料的顶部必须做好覆盖保护，防止滤层被堵塞，以利排水畅通。

（6）导渗沟开挖回填应从上而下，分段进行，切勿全面同时开挖，并保护好开挖边坡，以免引起坍塌。在开挖中，对于松土和稀泥土都应予以清除。

（7）在出现滑坡性裂缝时，不应采用灌浆方法处理。因为浆液的水分，将降低滑坡体与坝身之间的抗滑力，对边坡稳定不利，而且灌浆压力也会加速滑坡体下滑。

（8）在滑坡抢护过程中，一定要确保人身安全。

（六）护坡险情抢护

我国的小型水库（山塘）土坝护坡，其迎水坡多是块石护坡或者无护坡，背水坡是草皮护坡。护坡的破坏多指迎水坡块石的破坏，其原因主要是风浪的冲击，尤其平原小水库，水面宽、浪大，冲击强，护坡破坏更为严重。为此，应先防浪，再抢护护坡。

1. 防风浪破坏抢护

防风浪抢险，系指土坝临水坡遭受风浪冲击破坏的抢护工作。汛期水库涨水以后，水面加宽，当风速大，风向与流向一致时，形成冲击力强的风浪，浪峰高涌，一涌一退地连续冲击下，伴随着波浪往返爬坡运动，还会在坝坡产生真空，出现负压，使坝身土料或护坡被水流冲击淘刷，遭受破坏。轻者把坝的临水坡冲刷成陡坎，造成坍塌险情；重者使坝身遭受严重破坏，甚至溃坝成灾。

风浪抢护的原则：一是消减风浪冲击力；二是加强临水坡抗冲力。利用漂浮物防浪，可消减波浪的高度和冲击力，拒波浪于坝的临水坡以外的水面上，这是一种行之有效的办法。由于波浪的能量多半集中在水面上，所以把漂浮物体置放在临水坡前，经过漂浮物以后，其运动的规律被打乱，水质点的速度因而减缓，各质点间互相干扰，其能量因内耗而减小。在波浪经过漂浮物以后，浪高变小，冲击力减弱，对坝的临水坡破坏也就减轻，起到了保护作用。另一种是增强临水坡抗冲能力，利用防汛料物，经过加工铺压，保护临水坡，以增强抗冲能力。现将以上两种办法，简要介绍如下：

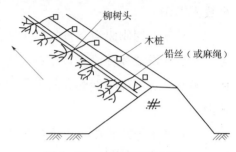

图 3-32　挂柳防浪示意图

（1）挂柳防浪。山塘管理范围内数目较多，可就地取材，挂柳防浪，如图 3-32 所示。

（2）挂枕防浪。一般分单枕防浪和连环枕防浪两种。

挂枕防浪的具体做法是用柳枝、秸料或芦苇扎成直径 0.5～0.8m 的枕，长短应根据坝长而定。最长的枕可达 20m。枕的中心卷入两根直径 5～7cm 的竹缆或 3～4cm 的麻绳做心子（俗称龙筋）。枕的纵向每隔 0.6～1.0m，用 10～14 号铅线捆扎。在坝顶距临水坝肩 2～3m 以外或在背水坡上，签钉 1.5～2.0m 长的木桩，桩距 3～5m。再用麻绳或竹缆把枕拴牢于桩上，绳缆长度以能适应枕随水面涨落而移动，绳缆亦随之收紧或松开为度，使枕可以防御各种水位的风浪，如图 3-33 和图 3-34 所示。

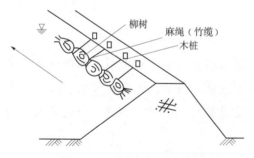

图 3-33　单枕防浪示意图

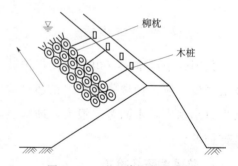

图 3-34　连环枕防浪示意图

（3）土工织物防浪。利用土工织物铺放在坝坡上，以抵抗波浪的破坏作用。这是近年来发展起来的一种新方法。具体做法是：土工织物的宽度应按坝的临水坡受风浪冲击的范围决定，一般不小于 4m，宽的可达 8～9m 铺护。宽度不够时，应按需要预先粘贴或焊接牢固。如果土工织物的顺坝长度短于保护地段的长度时，可以搭接，其搭接长度不小于 1.0m，并应在铺设中钉压牢固，以免被风浪揭开。在铺设前，应清除铺设范围内的坝边坡上的块石、树枝、杂草和土块等，以免造成土工织物的损伤。铺设时，土工织物的上沿一般应高出洪水位 1.5～2.0m。织物的四周用间距为 1.0m 的平头钉将边坡钉牢，上下平头钉的排距不得超过 2m。平头钉由面积 20cm×20cm，厚 0.5cm 的钢板垫中心焊上一个长 30～50cm、直径 12mm 钢筋作成尖钉制成，以固定土工织物。如平头钉制作有困难时，可以面积 30cm×30cm、厚 20cm 的预制混凝土块或碎石袋代替，其位置与平头钉相同。此外，边坡如陡于 1：3 时，有可能沿土工织物滑脱。因此，只有在险情紧迫时采用土袋，应适当多压，并加强观察，随时采取补救措施，以保证防浪效果，如图 3-35 所示。

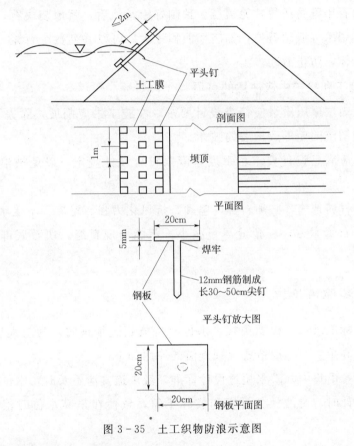

图 3-35 土工织物防浪示意图

土工织物防浪的优缺点和注意事项：

（1）优点是造价低，施工易，便于大面积使用。

（2）缺点是易被块石等杂物损伤。

（3）注意事项：要钉牢或压牢，特别是接头部位，如采用搭接，更要注意。

2. 护坡破坏抢护

为防止土坝迎水坡和背水坡护坡破坏范围扩大和险情恶化，抢护措施主要如下：

（1）砂袋抢护。当风浪不大，局部护坡块石松动、脱落，但垫层未被淘刷时，可用砂袋盖压毁坏部位，并超过边缘 0.5～1.0m，厚度应不少于两层，并纵横互叠。如垫层和坝体已被淘刷，在盖压前，应先抛填厚的 0.3～0.5m 砂卵石或砂砾石，然后用砂袋盖压。

（2）抛石抢护。当风浪较大，局部护坡已有冲失坍塌，则采用抛块石盖压。石层越厚，块石越大，抛石体越稳定。如垫层及坝体已被淘刷，抛石前最好先抛填一层卵石或碎石。

（3）石笼抢护。当风浪特大，护坡破坏较严重，非上述两种抢护方法所能抗御时，可放置块石铅丝笼或竹片笼盖压。预制好铅丝笼后，就地装块石，然后系着石笼的两端，再用木棍撬动就位；如破坏面积较大，可以并列数个石笼，笼间用铅丝扎牢，连成整体，防止滑动。

3. 护坡施工和抢护中应注意的事项

（1）土坝表层碾压质量应符合设计要求，在施工中应削坡，除去不合格部分，以减免因不均匀沉陷而导致护坡的破坏。

（2）垫层应满足设计要求，每层厚度要符合设计规定，以免被浪淘刷坝体土料，破坏护坡。

（3）块石材料选择，必须新鲜、坚硬、抗风化力强、耐冻，不受水流冲蚀。在砌筑时要做到石缝紧密，三角缝尽量减小，不能出现直缝，块石底部不应有架空现象。

（七）漫坝险情抢护

当遭遇超标准洪水，根据预报，水位有可能超过坝顶时，为防大坝漫溢溃决，应迅速进行加高抢护。一般造成土坝漫溢的原因如下：

（1）由于暴雨集中，洪水超过设计标准，溢洪道宣泄不及时，水位高于坝顶。

（2）在设计时，对波浪的计算与实际不符，致使在最高水位时浪高超过土坝顶部。

（3）施工中土坝未达设计高程，或因地基有软弱层，填土夯压不实，产生过大的沉陷量，使坝顶高程低于设计值。

（4）水库发生严重淤积，库容减小，抬高了水位。

（5）土坝附近发生地震或山体滑坡等情况，抬高了水位。

漫溢抢护的原则是：当洪水位有可能超过坝顶时，为防止洪水漫溢溃决，根据预报和水库实际情况，抓紧一切时机，尽全力在坝顶部位抢筑子埝，力争在洪水到来以前完成。

1. 土料子埝

筑于土坝临水顶部一边，距临水坝肩 0.5～1.0m。埝顶宽 0.6～1.0m，边坡不陡于1∶1，埝顶应超过推算最高水位0.5～1.0m。在抢筑时，沿原坝顶子埝轴线先开挖一条结合槽，槽深约0.2m，底宽约0.3m左右，边坡1∶1，子埝底宽范围内路面杂物应清除，并将表层刨松或犁成小沟，以利新老土结合。土料宜选用黏性土，不要用沙土或腐殖土。填筑时要分层夯实，保证质量，如图3-36所示。

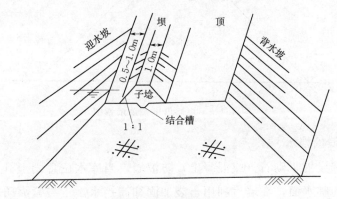

图3-36 土料子埝

2. 土袋子埝

此法适用于风浪较大，取土较困难的土坝。一般用土工编织袋、草袋或麻袋，装土七八成满后，将土袋袋口缝严，不宜用绳扎口，以利铺砌。土袋放置临水面，起到防浪作用，一般用黏性土料为宜。铺砌土袋距临水坝肩0.5～1.0m，袋口朝向背水面，排砌紧密，袋缝上下层错开，并向后退一些，使土袋临水面形成1∶0.5，最陡1∶0.3的边坡。不足1.0m高的子埝，临水叠砌一排土袋；较高的子埝底层可酌情加宽为两排或更宽些。土袋后面土戗，随砌土袋，随分层铺土夯实，背水坡以不陡于1∶1为宜。埝顶应超过推算最高水位0.5～1.0m，如图3-37所示。

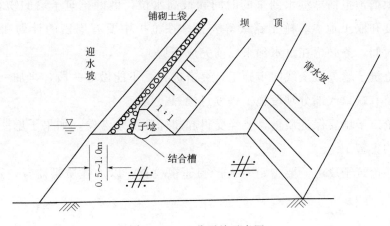

图3-37 土袋子埝示意图

在坝顶即将漫溢，来不及从远处取土时，在坝顶较宽的情况下，可临时在背水坝肩取土筑埝，如图3-38所示。这是一种不得已抢堵漫溢的措施，一般不可轻易采用。待险情缓和后，即抓紧时间，将坝肩加以修复。

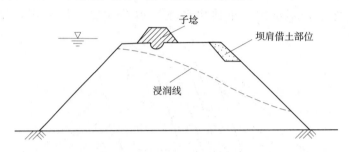

图3-38　坝肩借土筑埝示意图

3. 利用防浪墙挡水

一般土坝都设置浆砌石（或混凝土）防浪墙。当库水位急剧上升时，可利用防浪墙作为子埝的临水面，在墙后利用土袋加固加高挡水。土袋紧靠防浪墙垒砌，宽度应满足加高需要，其余同土袋子埝筑法，如图3-39所示。

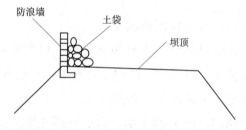

图3-39　在防浪墙后面叠子埝示意图

4. 防漫溢抢险注意事项

（1）根据预报估算洪水到来的时间和最高水位，做好抢筑子埝的物料、机具、劳力、进度和取土地点、施工路线等安排。在抢护中要有周密的计划和统一的指挥，抓紧时间，务必抢在洪水到来以前完成子埝。

（2）抢筑子埝务必全线同步施工，突击进行，不能做好一段，再加一段，决不允许中间留有缺口或部分坝段施工进度过慢。

（3）抢筑子埝要保证质量，要经受得起超标准洪水考验，如果子埝溃决，将会造成更大的灾害。

（4）在抢筑子埝中，要指定专人严密巡视检查，以加强质量监督，发现问题，及时处理。

第三节 避险与灾后恢复

自然灾害种类繁多，如地震、台风、暴雨、洪水、内涝、高温、雷电、大雾、灰霾、泥石流、山体滑坡、海啸、道路结冰、龙卷风、冰雹、暴风雪、崩塌、地面塌陷、沙尘暴等，每年都要在全国和局部地区发生，造成大范围的损害或局部地区的毁灭性打击。自然灾害是地理环境演化过程中的异常事件，却成为阻碍人类社会发展的最重要的自然因素之一。

这里主要阐述洪水和台风灾害，其中：洪水灾害主要包括暴雨灾害、山洪、溃坝洪水、泥石流与洪水等；台风灾害主要包括大风、暴雨和风暴潮等。

一、避险

（一）避灾场所

避灾场所一般应选择在距村庄最近、地势较高、交通较为方便处，应有上下水设施，卫生条件较好，与外界可保持良好的通信、交通联系。如地势较高或有牢固楼房的学校、医院，以及地势高、条件较好的山坡地等，如图3-40所示。

图3-40 避灾场所

例如，《浙江省防汛防台抗旱条例》规定：县级人民政府应当组织民政、建设、水利、人防等有关部门和乡（镇）人民政府、街道办事处，根据防汛防台预案，落实避灾安置场所，必要时建设一定数量的避灾安置场所。避灾安置场所应当经工程质量检验合格。各类学校、影剧院、会堂、体育馆等公共建筑物在防汛防台紧急状态下，应当根据人民政府的指令无条件开放，作为避灾安置场所。避灾安置场所应当具备相应的避灾条件。公共建筑物因作为避灾安置场所受到损坏的，当地人民政府应当给予适当补偿。

（二）避灾撤离线路

避灾撤离应选择洪水影响小的线路，平时应保持畅通。

在醒目的地方树立明确的警示牌，标明转移对象、转移路线、安置地点等，做到危险区群众家喻户晓，如图 3-41 所示。

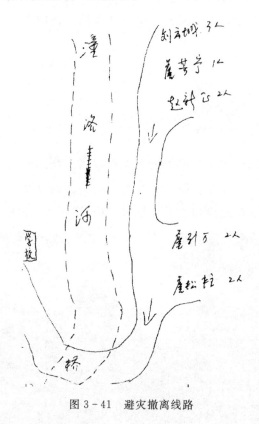

图 3-41　避灾撤离线路

（三）避险宣传和演练

1. 宣传

利用会议、广播、电视、报纸、宣传栏、宣传册、挂图、光碟及发放明白卡等方式宣传山洪灾害防御知识，做到进村、入户、到人，不断提高人们主动防范、依法防灾的自觉性，增强人们的自救意识和自救能力。

组织居民熟悉转移路线及安置方案，在危险区醒目的地方树立明确的警示牌，标明转移对象、转移路线、安置地点等，做到危险区群众家喻户晓。

宣传材料由县级或县级以上山洪灾害防御指挥部统一编制，具体要求如下：

（1）印刷《山洪灾害防御知识宣传手册》，发放至各乡（镇）、村、组。用通俗易懂的语言和图文并茂的形式，宣传山洪灾害防御知识，

（2）制作山洪灾害防御宣传光碟及录音带，内容包括山洪灾害的成因、危害、特点、防御组织机构、预警信号、避险注意事项、预警监测设施的保护等内容。不定期地在县电视台黄金时段播放及群众赶集时间进行宣传。

（3）制作《山洪灾害防御明白卡》，内容包括防御对象名称、各级负责人、避险地点、避险路线、联系电话等。由各乡（镇）、村山洪灾害防御指挥机构负责制作，并逐一发放到山洪灾害威胁区的住户。

（4）制作宣传牌、宣传栏，在山洪灾害危险区各乡（镇）制作宣传牌、各行政村制作宣传栏，公布当地防御山洪灾害工作的组织机构，山洪灾害防御示意图，并宣传山洪灾害防御知识。

（5）制作警示牌，在山洪灾害危险区各行政村制作警示牌，公布当地山洪灾害的危险区、安全区及转移方案（包括人口范围、转移路线、安置地点、责任人等）。

2. 演练

危险区组织开展1～2次山洪灾害避灾演练，使群众清楚转移路线、安置地点，即使在电力、通信等中断的情况下不乱阵脚，安全转移。演练内容包括应急响应、抢险、救灾、转移、后勤保障、人员转移、安置等。简要叙述演练的对象、范围和内容等。

（四）互救和自救

当洪水来临时首先应该迅速登上牢固的高层建筑避险，而后要与救援部门取得联系。同时，注意收集各种漂浮物，木盆、木桶都不失为逃离险境的好工具。分析洪水中人员失踪的原因：一方面是洪水流量大，猝不及防；另一方面也是因为有的人不了解水情而涉险水。所以，洪水中必须注意的是，不了解水情一定要在安全地带等待救援。

（1）平时要熟悉避灾场所和撤离线路。准备好医药、取火等物品；保存好各种尚能使用的通信设施，可与外界保持良好的通信、交通联系。

（2）撤离过程中要认清路标。在避难道路上，设有指示前进方向的路标，如果避难人群未很好地识别路标，盲目地走错路，再往回折返，便会与其他人群产生碰撞、拥挤，产生不必要的混乱。保持镇定的情绪，掌握"灾害心理学"实际上也是

一种学问。如在一个拥有150万人口的滞洪区，当地曾做过一次避难演习，仅仅是一个演习，竟因为人多混乱挤塌了桥，发生死伤事故。在洪灾中，避难者由于自身的苦痛、家庭的巨大损失，已经是人心惶惶，如果再受到流言蜚语的蛊惑、避难队伍中突然发出的喊叫、警车和救护车警笛的乱鸣这些外来的干扰，极易产生不必要的惊恐和混乱。

（3）洪水到来时，来不及转移的人员，要就近迅速向山坡、高地、楼房、避洪台等地转移，或者立即爬上屋顶、楼房高层、大树、高墙等高的地方暂避。如洪水继续上涨，暂避的地方已难自保，则要充分利用准备好的救生器材逃生，或者迅速找一些门板、桌椅、木床、大块的泡沫塑料等能漂浮的材料扎成筏逃生。如果已被洪水包围，要设法尽快与当地防汛部门取得联系，报告自己的方位和险情，积极寻求救援。注意千万不要游泳逃生，不可攀爬带电的电线杆、铁塔，也不要爬到泥坯房的屋顶。如已被卷入洪水中，一定要尽可能抓住固定的或能漂浮的东西，寻找机会逃生。发现高压线铁塔倾斜或者电线断头下垂时，一定要迅速远避，防止直接触电或因地面"跨步电压"触电。

（五）疾病预防

1. 灾害过后易发生疾病

（1）肠道传染病，如霍乱、伤寒、痢疾、甲型肝炎等。

（2）人畜共患疾病和自然疫源性疾病，如钩端螺旋体病、流行性出血热、血吸虫病、疟疾、流行性乙型脑炎、登革热等。

（3）皮肤病，如浸渍性皮炎（"烂脚丫""烂裤裆"）、虫咬性皮炎。

（4）意外伤害，如溺水、触电、中暑、外伤、毒虫咬螫伤、毒蛇咬伤。

（5）食物中毒和农药中毒。

2. 灾害期间应做好的工作

（1）在灾民聚集点，选择合适地点，合理布局，因地制宜。就地取材搭建的临时厕所，要求做到不能排入水体。对厕所和粪便，应包段、包户并有专人负责管理。

（2）尽量利用现有储粪设施来储存粪便，如无储粪设施，可将粪便与泥土混合后泥封堆存，或用塑料覆盖，四周挖排水沟以防雨水浸泡。

（3）在应急情况下，于适宜地稍高地点，可挖一圆形土坑，用防水塑料膜作为粪池衬里，把薄膜向坑沿延伸20cm，用土压住，粪便倒入池内储存，加盖密封，发酵处理。

（4）在特殊困难情况下，为保护饮用水源，可采有较大容量的塑料桶、木桶等收集粪便，装满后加盖，送到指定地点暂存，待水灾过后运出处理。

（5）船上的居民粪便，应使用容器收集后送上岸集中处理，禁止倒入水中，以防止传染病传播。

（6）集中治疗的传染病人的粪便必须用专用容器收集，然后做特殊消毒处理。散居病人的粪便应采用漂白粉或生石灰搅拌后再集中掩埋。

（7）不要乱倒垃圾和脏物。临时灾民居住点的垃圾应设在运出方便、利于管理的地方。垃圾应及时收集、清运。有条件时，可采用泥封堆肥法处理或用兼膜覆盖。

（8）对传染性的垃圾，用黑色塑料袋收集，进行焚烧或消毒处理。

二、灾后恢复

灾后恢复的工作很多，最重要的是了解受灾情况和恢复群众的生活和生产。

（一）统计受灾情况

受灾情况的统计要实事求是，不要漏报也不要虚报瞒报，主要包括财产受损、人员伤亡、群众心理等情况的统计。

（二）灾后恢复的主要工作

1. 修复受损的水利设施

查明水利设施受损的情况，根据轻重缓急分门别类地安排修复工程。

2. 安抚受灾群众

除了在生活上帮扶受灾群众外，还要在心理上安抚受灾群众，可以组织受灾群众的亲戚朋友和其聊天，甚至共同生活一段时间。

3. 做好饮用水的消毒工作

对集中式供水，严格按水厂标准消毒。分散式饮水，如对水井、山溪水等混浊水须先用明矾按 2 两（100mg）加入 2 斤水的比例作用 10 分钟澄清，然后消毒处理。

4. 预防食物中毒

不吃腐败变质或被污水浸泡过的食物，不吃剩饭剩菜，不吃生冷食物，不吃淹死、病死的禽畜和水产品，食物生熟要分开，碗筷要先清洁消毒后使用等。

第四章 农村供水工程

第一节 农村供水工程的内容和特点

1. 农村供水工程的内容

农村供水工程主要指建制镇和乡集镇镇区、村庄及分散的居民点的供水设施。它是以设计用水量为依据从水源取水，按照水源水质和用户对水质的要求，选择合理的净水工艺流程对水进行净化处理，然后按照用户对水压的要求将足量的水输送到用水区，并通过管网向用户配水。供水对象为村镇居民的生活用水、禽畜饲养用水、乡镇工业用水、消防用水以及少量的庭院灌溉用水。

农村供水工程一般包括取水工程、净水工程和输配水工程。这三者组成的系统也称为供水系统。农村供水工程是一项为农民生活、生产服务的重要公用事业，是农村现代化的重要指标之一。

2. 农村供水工程的特点

农村供水用水点多且分散，特别是山区丘陵区的居民村更为分散，甚至采用一家一户的供水方式。乡镇所在地的居民较为集中。由于农村地域广阔，人口众多，特别是山丘区，经济相对不发达，要求在进行农村供水工程设计时，遵循"因地制宜、就地取材、分期实施、逐步完善"的原则。农村专业技术力量相对薄弱，施工安装往往由地方非专业队伍承担。

在经济不发达地区，农村供水以提供生活饮用水为主，包括居民的生活用水、禽畜饲养用水以及少量的庭院作物、农田播种所需要的水量。以提供生活饮用水为主的小型供水工程，对不间断供水的安全程度要求较低。即使发生短时间停水，所造成的损失和对生活的影响比较小，在设计农村供水工程时，应充分考虑间歇运行的条件。

农村经济相对还不发达，一般不单独考虑消防用水。

第二节 农村供水系统的分类、组成和布置

一、农村供水系统的分类

(一) 按水源类型划分

按水源类型划分，农村供水系统可分为以地表水为水源的系统类型和以地下水为水源的系统类型两大类。

1. 以地表水为水源的系统类型

(1) 以雨水为水源的小型、分散系统。该系统为降雨产生的径流，流入地表集水管（渠），经沉淀池、过滤池进入储水窖，再由微型水泵或手压泵取水供用户使用。这种系统结构简单，施工方便，投资省，适用于居住分散、无固定水源或取水困难而又有一定降雨量的小村镇。

(2) 以河水或湖水为水源的系统。采用压力式综合净水器从河流或湖泊中取水的小村镇给水系统。压力式综合净水器是一种将混凝、澄清和过滤综合在一起的一元化净水构筑物。

2. 以地下水为水源的系统类型

(1) 引泉取水给水工程布置。一般在山区，选择水量充足、稳定的泉水出露处建泉室，再利用地形修建高位水池，最后通过管道依靠重力将泉水引至用户。泉水水质一般无须处理，但要求泉水位远离污染源。

(2) 单井取水给水工程布置。当含水层埋深小于 12m，含水层厚 5～20m 时，可建大口井作为村镇给水系统的水源，该系统一般采用离心泵从井中吸水，送入气压罐（或水塔），由气压罐（或水塔）对供水水压进行调节。

(3) 井群取水给水工程系统。以地下水为水源的大型村镇给水系统，可以采用由管井群取地下水送往集水池，加氯消毒，再由泵站从集水池取水加压通过输水管送往用水区，由配水管网送达用户。

(4) 渗渠为水源的供水系统，渗渠是在含水层中铺设的用于集取地下水的水平管渠，由该地下渠道收集和截取地下水，并汇集于集水井中，水泵再从井中取水供给用户。

除此之外，供水系统还可以划分为统一供水系统、分区供水系统和分压供水系统。对于工矿企业，还有分质供水系统和循环供水系统。

（二）按供水特点划分

根据农村供水的用水点分散、服务面积广、地形复杂、供水不间断和要求低等特点，农村区域供水亦可划分为以下类型：

（1）全区域统一供水。适用于供水服务范围内既无足够用的天然地面水源又缺乏可供饮用的地下水源，或者水源有害物质严重超标，即使经特殊处理也无开采价值，而必须从区外引水的场合。这种供水方式的主要优点是水源水量及供水水质有保证，统一管理和维修方便；缺点是输水管路较长，施工工程量大，建设周期长。

（2）分散型联片多点给水系统。适用于服务范围内多处具有可作为饮用水的地面水源或地下水源，可根据水源、水质条件和居民点分布情况联片建立小型供水工程。这种供水方式的主要优点是工程设施可针对水源水质、居民点分布等条件采用不同的联片方式；输水线路短、投资少；每个系统的供水量小，有条件选用现有供水或净水设备，使得现场土建施工及安装工程量大大减少。建设周期短、见效快。缺点是管理分散、力量薄弱，水质不容易保证，维修保养往往不够及时。

二、农村供水系统的组成

（1）取水构筑物。一般是指从选定的水源取水的构筑物。从地表取水的按照水源类型、水位变幅、径流条件和河床特征可选用固定式取水构筑物（取水首部和取水泵站）或移动式取水构筑物（浮船取水、缆车取水）；某些河流上还有带低拦河坝的取水构筑物，在缺水型地区还有雨水集蓄构筑物。从地下取水的按照取水含水层的厚度、含水条件和埋藏深度可选用管井、大口井等以及相应的水泵或水泵站。

（2）净水构筑物。将取水构筑物取来的原水进行净化处理，使其达到村镇生活饮用水水质标准要求的各种构筑物和设备。从地表取水的净水构筑物，主要由一系列去除天然水中的悬浮物、胶体和溶解物等杂质，以及进行消毒处理的构筑物和设备。从地下取水的构筑物，净水设施比较简单或者不需要净水构筑物。

（3）输配水管网。将原水从水源输送到水厂，清水从水厂输送到配水管网，输送过程由输水管承担，清水由配水管网分配到各用户。输配水管网通常由输水管、清水池、二级泵房、配水管网、水塔或高位水池等组成。

第三节　农村饮水安全工程的基本标准和设计供水量

1. 基本标准

（1）水量：人均日生活用水量大于 60L。

（2）水质：符合《生活饮用水卫生标准》（GB 5749—2006）的规定。

（3）用水方便程度：供水到户。

（4）供水水源保证率95％以上。

（5）工程可持续运行。

2. 设计供水量

（1）农村设计供水量组成：生活用水、畜禽饲养用水、工业用水、公共建筑用水、管网漏损水、未预见用水和消防用水。

（2）生活用水。以浙江省为例，各类用水量见表4-1～表4-3。

表4-1　　　　　　　　　　　　生活用水量标准

村庄	特点	最高日用水量/[L·(人·d)$^{-1}$]
一类村	居住人口少，人口不集中，无增长人口且规划不予迁移的村	60～80
二类村	居住人口较少，人口按自然增长率增加的村	80～100
三类村	居住人口较多，交通方便，有发展规划的村	120～160

表4-2　　　　　　　　　　　　畜禽饲养用水定额

畜禽类别	用水定额[L·(头·d)$^{-1}$]	畜禽类别	用水定额/[L·(头·d)$^{-1}$]
育肥猪	30～40	马、驴、骡	40～50
鸡	0.5～1.0	育成牛	50～60
羊	5～10	奶牛	70～120
鸭	1～2	母猪	60～90

表4-3　　　　　　　　　　　　各类乡镇工业生产用水定额

工业类别	用水定额	工业类别	用水定额
榨油/（m³·t^{-1}）	6～30	制砖/（m³·万块$^{-1}$）	7～12
豆制品加工/（m³·t^{-1}）	5～15	屠宰/（m³·头$^{-1}$）	0.3～1.5
制糖/（m³·t^{-1}）	15～30	制革/（m³·张$^{-1}$）	0.3～1.5
罐头加工/（m³·t^{-1}）	10～40	制茶/（m³·担$^{-1}$）	0.2～0.5
酿酒/（m³·t^{-1}）	20～50		

注　若有其他工业类别时，可参照相关工业用水定额选用。

公共建筑用水量应按现行国家标准《建筑给水排水设计规范》（GB 50015）的有关规定执行。

（3）设计供水量计算。

1）村镇最高日设计用水量。应按上列几类供水量组成的最高日用水量之和来

确定，即

$$Q_d=(1.1\sim1.2)(Q_1+Q_2+Q_3+Q_4)$$

式中：Q_1 为生活用水量；Q_2 为畜禽饲养用水量；Q_3 为工业用水量；Q_4 为公共建筑用水量；村镇未预见水量和管网漏损水量按照最高日用水量的 $10\%\sim20\%$ 计。

2）水厂设计规模。水厂设计规模以最高日设计用水量为基础，考虑水厂自用水量，其计算公式为

$$Q=\alpha Q_d\quad(\mathrm{m^3/d})$$

式中：α 一般在 $1.05\sim1.1$ 之间。

第四节　常规水处理基本方法

常规给水处理方法主要有：澄清和消毒；除臭、除味；除铁、除锰和除氟；软化；淡化和除盐；预处理和深度处理。

1. 澄清和消毒

澄清和消毒是以地表水为水源的常规处理工艺，工艺系统主要包括混凝、沉淀及过滤，处理对象是水中的胶体颗粒、悬浮物及杂质。

（1）混凝主要是向水中投入混凝剂，对水中某些溶解状的无机和有机污染物有一定的去除效果。

（2）沉淀法是在重力作用下，使水中比水重的悬浮物和混凝生成的物质从水中分离的方法。常用的有平流式沉淀池和斜管（板）沉淀池，如图 4-1、图 4-2所示。

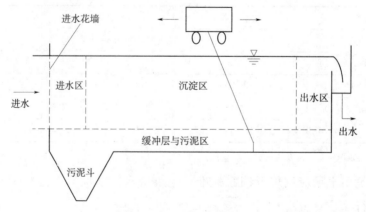

图 4-1　平流式沉淀池

（3）澄清池是把混凝与沉淀两个过程集中在同一个构筑物中进行。常用的处理

流程是：原水—混合—澄清—过滤—消毒，不需设置絮凝反应池，工艺简单，比较适合中小型水厂。

（4）过滤通常是指以石英砂等粒状滤料层截留水中悬浮杂质，从而使水获得澄清的工艺流程，见图4-3。滤池通常置于沉淀池或澄清池之后，进水浊度一般在10度以下，出水浊度必须达到生活饮用水水质标准。

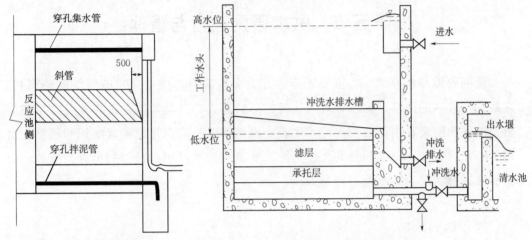

图4-2　斜管沉淀池　　　　　　　　图4-3　滤池结构示意图

（5）消毒的目的是杀灭水中对人体有害的绝大部分病原微生物，包括病菌、病毒等，以防止通过饮用水传播疾病。使处理后的水达到饮用水水质标准。饮用水常用的消毒方法有加氯消毒、加二氧化氯消毒、臭氧消毒法，农村饮用水处理中常用的是二氧化氯消毒，如图4-4所示。

图4-4　二氧化氯发生器

2. 常规水处理流程

（1）原水—简单处理（如筛网隔滤或消毒），用于水质较好的情况。

（2）原水—接触过滤—消毒，一般用于处理浊度和色度较低的湖泊水和水库水，进水悬浮物一般小于100mg/L，水质稳定、变化小且无藻类繁殖。

（3）原水—混凝、沉淀或澄清—过滤—消毒，是一般地表水处理厂广泛采用的常规处理流程，适用于浊度小于 3mg/L 的河流水。河流小溪水浊度通常较低，洪水时含砂量大，可采用此流程对低浊度无污染的水不加凝聚剂或跨越沉淀直接过滤。

第五节 供水管网运行与管理

管网管理是水厂的一项重要工作，其主要内容有：建立完善的管线图档资料；定期进行管网的测流、测压；对管线经常进行巡查、查漏和堵漏工作；经常维护管道、清洗和防腐；闸阀、消火栓、水表、流量计以及检查井的正常维护和检修；管道的小修、大修、抢修和公共水栓的防冻及事故处理；用户接管的审查与安装；分析管网运行状况，提出改造计划等。

一、管网的运行

（一）管道巡查与检漏

管理人员应掌握管网现状和长期运行情况，如各种管道的位置、埋深、口径、工作压力、地下水位等；管道的维修情况、使用年限等。沿输水管道检查管道、阀门、消火栓、排水阀、排气阀、检查井等有无被埋压、损坏等情况。检查套管内的管道是否完好，用户水表是否正常等。检查管网漏水的现象，凡是在管网沿线地面发现有湿印或积水，或管网供水正常但末端出水不足，或供水量与收费水量相差较大等情况，均可能是管网发生了漏水。其主要原因是管道及管件加工工艺及施工质量不良，接口密封材料质量不好或插件柔性接头的几何尺寸不合格、塑料管使用时间过长，老化或管道堵塞等；此外，金属管道的热胀冷缩、管道的锈蚀等造成管道刚性接口的松动等，也容易发生漏水。

应设专职人员进行检漏，查漏的顺序是表前、表后、干管，查明漏可直接观察，可采用溶解气体法，如在水中加 N_2O，用红外线探测漏气位置；查暗漏是检查地面迹象及细听。

（二）阀门的管理

（1）阀门井的安全要求。阀门井是地下建筑物，处于长期封闭状态，空气不能流通，造成氧气不足，同时一些井内的物质容易产生有毒气体，所以井盖打开后，维修人员不可立即下井，以免发生窒息或中毒事故。阀门井设施要保持清洁、完好。

（2）阀门的启闭。阀门应处于良好状态，为防止水锤的发生，启闭时要缓慢进行。在管网中同时开启多处阀门时，其开启程序是：先开口径较小、压力较低的阀门，后开口径大、压力高的阀门。关闭阀门时，应先关闭高压端的大阀门，后关低压小阀门。启闭程度要求有标志显示。

（3）阀门故障的原因和处理。

1）阀杆端部和启闭钥匙间打滑。其主要原因是规格不吻合或阀杆端部四边形棱边损坏，要立即修复。

2）阀杆折断。其原因是操作时弄错了旋转方向，而且用力过大，要更换杆件。

3）阀杆上部漏水。其主要是由于填料原因造成，漏水时拧紧密封填料压盖可以解决，漏水严重时，应检查填料进行更换。

4）阀门关不严。其原因主要是在阀体底部有杂物沉积，可在来水方向装设沉渣槽，从法兰入孔处清除杂物。也可能是密闭圈脱落、变形及接合面变形等，应更换阀门进行大修。

5）阀杆长期处于水中，可能因为锈蚀而不能转动。解决的办法是阀门用不锈钢材料。如果是钢制杆件，应经常活动阀门，每季度一次为宜，应开足、关严数次，对不能旋转的阀门，应大修或更换。

6）自动排气阀漏水或不排气，这是因排气阀浮球变形或锈蚀卡死，或因排气阀本身有问题造成的，要定期检查、清洗，更换变形的浮球。

（4）阀门的技术管理。建立阀门（包括排气阀、消火栓、排水阀等）的现状档案，由维修人员掌握使用，并补充和纠正。图纸应长期保存，其位置和登记卡必须一致。每年要对图、物、卡进行一次检查，三者必须相符，这也是水厂管理的一项重要指标。工作人员要在图、卡上标明阀门所在位置、控制范围、启闭转数、启闭所用的工具等。对阀门应按规定的巡视计划周期进行巡视，每次巡视时，对阀门的维护、部件的更换、油漆等均应做好记录。启闭阀门要由专人负责，其他人员不得启闭阀门，管网上的控制阀门，应在夜间进行，以防影响用户供水。对管道末端、水量较少的管段，要定期排水冲洗，以确保管道内水质良好。要经常检查通气阀的运行状况，以免产生负压和水锤现象。阀门启闭完好率应为100%。每季度应巡回检查一次所有的阀门，主要输水管道上的阀门每季度应检修、启闭一次。配水下管上的阀门每年应启闭、检修一次。

（三）管网运行管理

供水管道一般埋设于地下，属于隐蔽工程，建立管网技术档案，可以掌握设计、施工验收的完整图纸和技术资料，为整个供水系统的运行和日常管理、维修工作提供依据。

管网技术档案的内容主要包括：

（1）设计资料。设计资料是施工标准也是验收的依据，竣工后则是查询的依据。内容有设计任务书、输配水总体规划、管道设计图、管网水力计算图和建筑物大样图等。

（2）竣工资料。竣工资料应包括管网的开工报告、竣工报告。管道纵断面上标明管顶竣工高程，管道平面图上标明节点竣工坐标及大样，节点与附近其他设施的距离。竣工情况说明包括：开工完工日期，施工单位及负责人，材料规格、型号、数量及来源，槽沟土质及地下水情况，同其他管沟、建筑物交叉时的局部处理情况，工程事故处理说明及存在隐患的说明。各管段水压试验记录，隐蔽工程验收记录，全部管线竣工验收记录。工程预、决算说明书以及设计图纸修改凭证等。

（3）管网现状图。

1）总图。总图包括输水管道的所有管线，管道材质，管径及位置，阀门、节点位置及主要用户接管位置。通过总图可以了解管网总的情况并以此为依据运行和维修。

2）方块现状图。应详细标明支管与干管的管径、材质、坡度、方位、节点坐标、位置及控制尺寸、埋设时间、水表位置及口径等。

3）用户进水管卡片。卡片上应有附图，标明进水管位置、管径、水表现状、检修记录等。要有统一编号，专职统一管理，经常检查和及时增补。

4）阀门和消火栓卡片。要对所有的消火栓和阀门进行编号，分别建立卡片，卡片上应记录地理位置、安装时间、型号、口径及检修记录等。

5）竣工图和竣工记录。

6）管道越过河流、铁路等的结构详图。

二、管网的维修与养护

（一）管道及附件的维修

1. 管材损伤的修补

由于运输和装卸的失误，可能会造成钢管端口不圆，可用千斤顶、大锤及手拉葫芦校正。若铸铁管插口有纵向裂纹应该切除。配件有裂纹应该更换，若管子上有裂纹、砂眼、夹砂等局部毛病可采取钻孔攻丝，装塞头堵塞，或在损伤部位加橡胶板，用卡箍固定；用环氧树脂填补故障部位。

对于钢筋混凝土管，常见的损伤是：蜂窝麻面、保护层脱落、缺角掉边等，可用水泥砂浆修补。常用的环氧树脂修补法和玻璃钢修补法为：先对待修表面进行处理；再涂刷环氧树脂底胶；待固化后再均匀地涂刷一次环氧树脂胶液；把准备好的玻璃纤维布沿着涂刷处铺开，立即用毛刷从中间向两边刷，使布贴实，布允许有气泡褶皱；再在布上涂一层胶，使玻璃纤维被胶料浸透；再贴第二层，粘贴的层数视管道的直径、压力和渗漏程度而定，一般为 1～6 层。每两层要间隔一定的时间。玻璃钢强度是逐渐增强的，一般在常温下养护，低温下需要更长的养护时间。

2. 管道渗漏的修补

管道渗漏的表现形式有渗水、蹿水、砂岩喷水、管壁破裂等。渗漏的原因有管道材质欠佳、管材被腐蚀、不均匀沉陷、安装不合格。

管道渗漏的修补方法根据管材的不同而不同。如果是铸铁管渗漏，可重做接口处的填料封口；如果是镀锌管因锈蚀渗漏，应便换新管。钢筋混凝土管管身蜂窝造成漏水，可用环氧树脂腻子修补；管身裂缝，可用玻璃钢或环氧树脂腻子修补；柔性接口漏水，可以改成刚性接口。PE 管补洞需要根据实际情况来定，如果是临时加急抢修，可以用抢修节或者哈夫节临时处理，但是维持时间一般在一年以内；也可以把破漏部分切割掉，两端切口平整，端口与法兰热熔连接，两套法兰与钢片相连，这样维持的时间会长一些。对于漏水程度比较严重的需要重新更换 PE 管。

管道承插部位漏水，纵向部位严重蹿水等，可在承插口外焊接钢套圈。在进行修补工作时，应将管内水降至无压，使用防水胶浆止水。

（二）管道的切割

塑料管、钢管可用锯割；钢筋混凝土管、铸铁管等，可用錾割；钢管、铸铁管也可用刀割，对钢管还可用氧气乙炔切割。

（三）管道结冰的处理

管道在寒冬来临前要做全面的防寒处理，以免冬季结冰，给供水带来困难。如果钢管内结冰，要打开下游侧的阀门，把积水放空，用喷灯或气焊枪或电热器沿管线烘烤，直到恢复正常；如果给水栓被冻结，可从水的出口开始，用热水逐步烧烫，或将浸油的布从下至上缠绕到管子上，然后点火由下往上燃烧。

（四）管件的整修

由于阀门长期关闭而锈死，造成阀门开不动，开启时可先敲打阀门，同时增加润滑油，借用扳手、管钳转动手轮。若开启后仍不通水，需要更换阀杆或阀门。如果因为皮垫损伤而关不严阀门，只要更换皮垫。盖母漏水，可能是开关频繁、填料被磨损或老化变硬，只要更换填料即可。如果发生水龙头关不严的情况，可能是由于阀杆与填料之间相互摩擦产生了间隙，可将螺盖打开清除旧填料，换上新填料拧紧；也有可能是皮垫磨损、芯子损坏或阀座损伤，要进行更换，更换后仍关不严，就是阀门有损伤，应当更换水龙头。

（五）管道维修施工安全技术

1. 土方开挖及回填

施工人员必须在施工前接受安全教育，施工负责人要进行实地勘察，对地面建筑物作出具体的安全保护措施，方能放线施工。开挖前根据管径、土壤情况确定开挖坡度，开挖中根据实际情况进行修改。人工开挖时，两人之间的距离不得小于2.5m，挖出的土必须堆积于沟边0.5m以外。靠近建筑开挖时，要对建筑采取保护措施。开挖过程中发现电缆、煤气管、下水管道或其他物体，均应妥善保护。并报告施工负责人采取安全措施。沟深达3m以上时，应按阶梯形开挖，开挖后采取必要的安全措施，以免塌方造成安全事故。在穿越道路施工时，应设护栏或标志灯等。

2. 管道铺设

施工现场管材堆放要整齐、平稳，并设置明显注意或危险等警告标志；放管时用的绳子必须仔细检查，绑好后慢慢放入沟中，沟内不准有人，禁止扔管；切割管道前要仔细检查使用的工具是否安全可靠，铺设时工作人员必须高度集中。

管路试压时，沟内不得有人，工作人员要离开管路正面，以免发生人身安全事故。要根据管道的材质标准和实际工作压力，由低到高逐步进行。如有损伤，要将压力降低后才能进行检修，试压位置不允许在电气线路下面。

在顶管工作前详细了解穿越建筑物的情况，例如建筑物的埋设深度、年限、土质等，并与相关单位共同研究可能发生的问题和解决方法，确保工作顺利进行；要保证顶管机械设备完好；管内挖土不能越过管头，要随顶随挖，严防管外塌方。工作坑、管内照明，应分别设置保险装置，所有电线使用安全防水胶线。

第五章　农业节水灌溉

第一节　概　述

节水灌溉是以最低限度的用水量获得最大的产量或收益，也就是最大限度地提高单位灌溉水量的农作物产量和产值的灌溉措施。当前各地节水灌溉的主要措施包括渠道防渗、低压管灌、喷灌、微灌等。

渠道输水是目前我国农田灌溉的主要输水方式，传统的土渠输水渠系水利用系数一般为 0.4～0.5，差的仅 0.3 左右。渠道防渗是减少渠道输水渗漏损失的工程措施，不仅能节约灌溉用水，而且能降低地下水位，防止土壤次生盐碱化；防止渠道的冲淤和坍塌，加快流速提高输水能力，减小渠道断面和建筑物尺寸；节省占地，减少工程费用和维修管理费用等。采用渠道防渗技术后，一般可使渠系水利用系数提高到 0.6～0.85，比原来的土渠提高 50%～70%。

低压管灌是利用管道将水直接送到田间灌溉，以减少水在明渠输送过程中的渗漏和蒸发损失。发达国家的灌溉输水已大量采用管道。常用的管材有混凝土管、塑料硬（软）管及金属管等。管道输水与渠道输水相比，具有输水迅速、节水、省地、增产等优点，其效益为：水的利用系数可提高到 0.95；节电 20%～30%；省地 2%～3%；增产 10%。

喷灌是利用管道将有压水送到灌溉地段，并通过喷头分散成细小水滴，均匀地喷洒到田间，对作物进行灌溉。常用的喷灌有管道式、平移式、中心支轴式、卷盘式和轻小型机组式。喷灌的主要优点如下：

（1）节水效果显著，水的利用率可达 90%。一般情况下，喷灌与地面灌溉相比，$1m^3$ 水可以当 $2m^3$ 水用。

（2）作物增产幅度大，一般可达 20%～40%。其原因是取消了农渠、毛渠、田间灌水沟及畦埂，增加了 15%～20% 的播种面积；灌水均匀，土壤不板结，有利于抢季节、保全苗；改善了田间小气候和农业生态环境。

（3）大大减少了田间渠系建设及管理维护和平整土地等的工作量。

（4）减少了农民用于灌水的费用和投劳，增加了农民收入。

（5）有利于加快实现农业机械化、产业化、现代化。

（6）避免由于过量灌溉造成的土壤次生盐碱化。

微灌是按照作物需求，通过管道系统与安装在末级管道上的灌水器，将水和作物生长所需的养分以较小的流量，均匀、准确地直接输送到作物根部附近土壤的一种灌水方法。与传统的全面积湿润的地面灌和喷灌相比，微灌只以较小的流量湿润作物根区附近的部分土壤。微灌分为四种类型，具体如下：

（1）地表滴灌，通过末级管道（称为毛管）上的灌水器，即滴头，将压力水以间断或连续的水流形式灌到作物根区附近土壤表面的灌水形式。

（2）地下滴灌，将水直接施到地表下的作物根区，其流量与地表滴灌相接近，可有效减少地表蒸发，是目前最为节水的一种灌水形式。

（3）微喷灌，利用直接安装在毛管上，或与毛管连接的灌水器，即微喷头，将压力水以喷洒状的形式喷洒在作物根区附近的土壤表面的一种灌水形式，简称微喷。微喷灌具有提高空气湿度，调节田间小气候的作用。但在某些情况下，例如草坪微喷灌，属于全面积灌溉，严格来讲，它不完全属于局部灌溉的范畴，而是一种小流量灌溉技术。

（4）涌泉灌，管道中的压力水通过灌水器，即涌水器，以小股水流或泉水的形式施到土壤表面的一种灌水形式。

第二节　渠道防渗工程技术

传统的地面灌溉一般采用渠道灌溉系统，根据调查显示，我国渠系水利用系数平均不到50%。渠道渗透占到了灌溉水总损失量的80%，另外一小部分是由渠道的退水和弃水、渠道水面蒸发所引起。

为了提高渠系水利用系数，减少输水损失，必须采用渠道防渗工程技术。

一、渠道防渗技术优点

（1）提高渠系水利用率。

（2）提高渠道的抗冲能力。

（3）减少渠道粗糙程度，增加输水能力。

（4）缩短输水时间。

（5）有利于对地下水位的控制。

（6）减少渠道淤积。

渠道断面形式如图 5-1 所示。

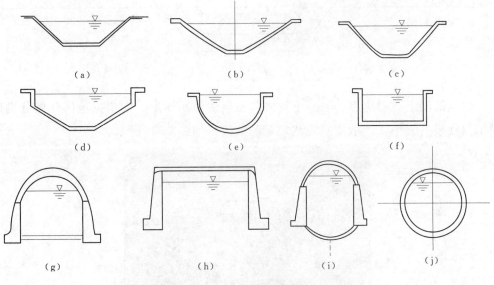

图 5-1　渠道断面形式

二、渠道防渗主要技术类别

（1）土料压实防渗。一般采用灰土、三合土、黏性土等混合使用。

（2）水泥土护面防渗。水泥土防渗结构的厚度，宜采用 8~10cm。

（3）石料衬砌防渗。如图 5-2、图 5-3 所示，浆砌料石、浆砌块石挡土墙式防渗结构的厚度，应根据使用要求确定。护面式防渗结构的厚度，浆砌料石宜采用 15~25cm，浆砌块石宜采用 20~30cm，浆砌石板不宜小于 3cm。

图 5-2　石料衬砌防渗

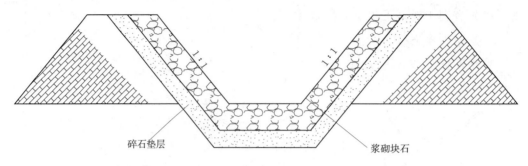

图 5-3　浆砌块石防渗示意图

（4）混凝土衬砌防渗。混凝土衬砌防渗层的最小厚度，应根据地区气候分类以及工程规模的大小，严格按照规范规定的数值，如图 5-4 所示。

图 5-4　混凝土衬砌防渗

（5）加筋混凝土防渗（钢筋、高分子纤维等）。加筋混凝土防渗包括钢筋混凝土、钢纤维混凝土、植物纤维混凝土（如竹纤维）、高分子材料混凝土（如聚丙烯纤维）等，具有较低的弹性模量，可少量适应变形，不易产生裂缝等优点。

（6）膜料（塑料薄膜等）防渗，如图 5-5、图 5-6 所示。

（7）沥青护面防渗，如图 5-7 所示。

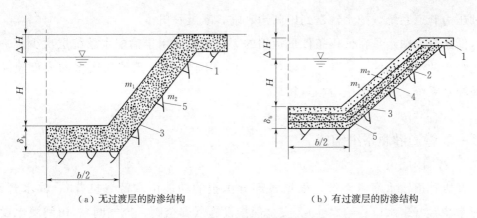

（a）无过渡层的防渗结构　　　　　　　（b）有过渡层的防渗结构

图 5-5　膜料防渗结构

1—黏性土、水泥土、灰土或混凝土、石料、砂砾石保护层；2—膜上过渡层；

3—膜料防渗层；4—膜下过渡层；5—土渠基或岩石、砂砾石渠基

图 5-6　塑料薄膜防渗

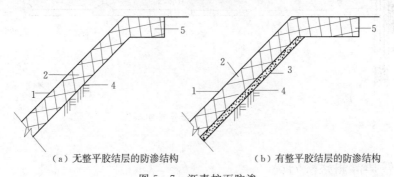

（a）无整平胶结层的防渗结构　　　　　（b）有整平胶结层的防渗结构

图 5-7　沥青护面防渗

1—封闭层；2—防渗层；3—整平胶结层；4—土（石）渠基；5—封顶板

第三节　管道灌溉系统

低压管道输水灌溉简称管道输水灌溉，在田间灌水技术上，仍属于地面灌溉类，它是以管道代替明渠输水灌溉系统的一种工程形式。灌水时使用较低的压力，

通过压力管道系统，把水输送到田间沟、畦，灌溉农田。

低压管道输水是在低压条件下运用的。目前主要用于输配水系统层次少（一级或二级）的小型灌区（特别是井灌区），也可用于输配水系统层次多的大型灌区的田间配水系统。其工作压力相对较低。

一、管道灌溉系统组成

低压管道输水灌溉系统，根据各部分承担的功能由水源（机井）、输水管道、给配水装置（出水口、给水栓）、安全保护设施（安全阀、排气阀）、田间灌水设施等部分组成，如图5-8所示。

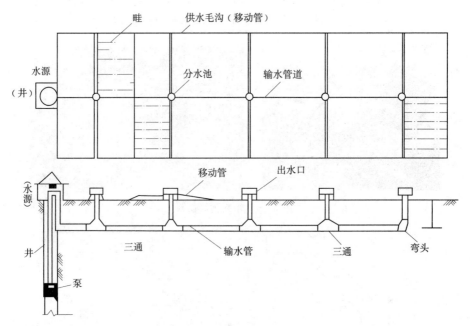

图5-8 管道灌溉系统组成图

二、管道灌溉系统分类

（1）按压力获取方式可分为机压输水系统和自压输水系统。

（2）按管网形式可分为树状网和环状网。

（3）按可移动程度分类。

1）移动式：指输水、配水管道均可移动。

2）半固定式：指输水管固定，配水管移动。

3）固定式：指输水、配水管道均固定。

4）管渠结合式：指输水管固定，田间毛渠配水。

三、管材

管材是低压管道输水灌溉系统的重要组成部分，它直接影响工程质量和造价。

（1）塑料管。塑料管具有重量轻、内壁光滑、输水阻力小、耐腐蚀、施工安装方便等特点。

（2）水泥预制管。水泥预制管包括水泥砂土管、水泥砂管、水泥土管、水泥石屑管、水泥炉渣管、路壁混凝土管等。

（3）现场连续浇注管。现场连续浇注管指在现场浇注成型的素混凝土管或水泥砂浆管等。该类管材在现场连续浇注成型，整体性好且可应用当地材料，造价低廉。

四、管道输水灌溉的优点

1. 节水

管道输水系统可以减少渗漏和蒸发损失，提高水的有效利用率。各地井灌区低压管道输水灌溉的实践表明，一般可比土渠输水节约水量 30％左右，是一项有效的节水灌溉工程措施。

2. 输水快和省时、省力

管道输水灌溉是在一定压力下进行的，一般比土渠输水流速大、输水快，供水及时，有利于提高灌水效率，适时供水，节约灌水劳力。

3. 减少土渠占地

以管代渠在井灌区一般可比土渠减少占地 2％左右。对于我国土地资源紧缺，人均占有耕地不足 1.5 亩的现实来说，具有很大的社会效益和经济效益，其意义极为深远。

4. 节能

用管道输水灌溉，比土渠输水多消耗一定能耗，但通过提高水的有效利用率所减少的能耗，一般可节省能耗 20％～25％。

5. 灌水及时促进增产增收

管道输水灌溉，减少水量损失，同时改善了田间灌水条件，缩短了轮灌周期，从而有效地满足了作物生长需水，可达到增产增收的效果。

另外，采用管道输水，还便于管理，便于机耕。

第四节 喷 灌

喷灌是把由水泵加压或自然落差形成的有压水通过压力管道送到田间，再经喷头喷射到空中，形成细小水滴，均匀地洒落到农田，以达到灌溉目的的一种灌溉方式，喷灌几乎适用于除水稻外的所有大田作物，以及蔬菜、果树等。

一、喷灌系统的组成与分类

喷灌系统的组成部分：水源工程、水泵及配套动力机、管道系统、喷头、田间工程。

喷灌按系统构成的特点分为管道喷灌系统和机组喷灌系统；根据喷灌系统各组成部分可移动的程度，分成固定式、移动式和半固定式三种，如图5-9～图5-12所示。

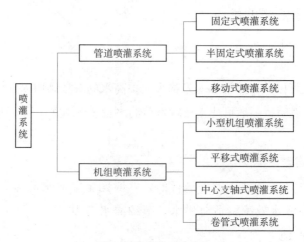

图5-9　喷灌系统分类

图5-10　固定式喷灌系统

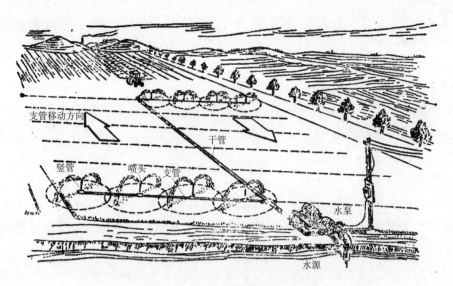

支管移动方向

干管

竖管　喷头　支管

水泵

水源

图 5-11　半固定管道式喷灌系统

图 5-12　移动管道式喷灌系统

二、喷灌的主要技术参数

喷灌的主要技术参数有喷灌强度、喷灌均匀度、水滴打击强度等。

喷灌强度是指单位时间内喷洒在单位面积土地上的水量，要求与土壤的透水特性相适应，即喷灌强度不应超过土壤的渗吸速度，不致在地表形成积水和径流。

喷灌均匀度是指喷灌面积上水量分布的均匀程度，与喷头结构、工作压力、喷头布置形式、喷头间距、喷头转速的均匀性、竖管的倾斜度、地面的坡度和风速、风向等因素都有密切关系。

水滴打击强度是指单位喷洒面积的水滴对作物和土壤的打击动能。

三、喷灌的动力设备

喷灌的动力设备主要是柴油机和电动机。

四、喷灌的优缺点

喷灌的优点主要如下：

（1）省水、增产。喷灌比一般的地面灌溉可以节约用水 20%～30%，玉米、小麦、棉花、大豆等采用喷灌一般比沟灌、畦灌可增产 10%～30%，蔬菜喷灌则可增产 1～2 倍。

（2）省劳力。由于喷灌的机械化程度高，可以大量减轻劳动强度，节约劳动力。一般移动机组可以成倍提高工效，如果大面积采用固定式喷灌系统工效还会更高。此外，采用喷灌还可以减少修筑毛渠、畦、沟、埂的投工。

（3）提高土地利用率。采用喷灌可以大大减少沟渠占地，不仅节省土石方工程，而且能腾出 5%～15% 的沟渠、地埂占地，扩大作物种植面积。

（4）防止土壤冲刷和盐碱化。喷灌可以根据土壤质地的轻重和透水性大小合理确定水滴大小和喷灌强度，以保护土壤的团粒结构，避免造成土壤冲刷。在土壤盐碱化地区，采用喷灌控制湿润深度，消除深层渗漏，可以防止由于地下水位上升而引起的次生盐碱化。

喷灌的缺点主要如下：

（1）受风的影响大。一般在 3～4 级风以上，部分水滴在空中被吹走，灌溉均匀度大大降低，就不宜进行喷灌。

（2）在空气中的损失大。空气相对湿度过低时，水滴未落到地面之前在空中的蒸发损失可以达到 10%。

（3）对土壤表层湿润比较理想，而深层湿润不足。采用低强度喷灌（即慢喷灌），喷头的平均喷灌强度远低于土壤的入渗速度，这样水分既能充分地渗入土壤下层，又不会产生积水和地表径流。

（4）需要一定的机械设备，在水源比较丰富的平原地区一般投资较高。

第五节 微 灌

微灌是利用微灌设备组装成微灌系统，将有压水输送分配到田间，通过灌水器以微小的流量湿润作物根部附近土壤的一种局部灌水技术。

微灌是以少量的水湿润作物根区附近的部分土壤，比地面灌溉节水 50%～70%，比喷灌节水 15%～20%，灌水均匀，均匀度达 0.8～0.9，适用于所有的地形和土壤，特别适用于干旱缺水地区。

微灌可以按不同的方法分类，按所用的设备（主要是灌水器）及出流形式不同，分为：滴灌（地表与地下滴灌）、微喷灌、涌泉灌（小管出流灌）、重力滴灌、渗灌。

一、滴灌

滴灌是通过安装在毛管上的灌水器将水均匀而又缓慢地滴入作物根区附近土壤中的灌水形式，如图 5-13、图 5-14 所示。除紧靠滴头下面的土壤水分处于饱和状态外，其他部位的土壤水分均处于非饱和状态，土壤水分主要借助毛管张力作用入渗和扩散。滴灌适合于蔬菜、果树、花卉以及垄向种植的作物，各种土壤条件都适用，便于实施化学灌溉（灌溉施肥），蔬菜采用滴灌技术效果最佳。

图 5-13　滴灌示意图　　　　　　　图 5-14　蔬菜滴灌示意图

二、微喷灌

微喷灌是利用直接安装在毛管上，或与毛管连接的微喷头将压力水以喷洒状湿润土壤，微喷头包括固定式和旋转式，如图 5-15 所示。

微喷技术的特点是通过有压管网将首部加压的水输送到田间，再经过特制的雾化喷头将水喷洒呈雾状进行灌溉，微喷头孔径较滴灌灌水器大，比滴灌抗堵塞，供水快。

微喷适合于果树（图 5-16）、花卉、部分露地蔬菜，各种土壤条件下都适用，在设施环境中灌溉花卉、育苗效果较好。

微喷容易产生堵塞问题，灌溉质量受地形影响，工程造价较高，适用于经济作物灌溉。

图5-15　旋转式微喷头

图5-16　果树微喷灌

三、涌泉灌（小管出流灌）

在我国使用的小管出流灌溉是利用小塑料管与毛管连接作为灌水器，以细流（射流）状局部湿润作物附近土壤，如图5-17所示。

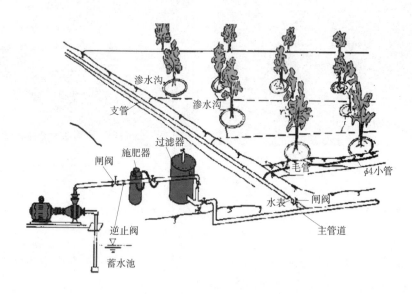

图5-17　涌泉灌示意图

对于高大果树通常围绕树干修一渗水小沟，以分散水流，均匀湿润果树周围土壤。

四、重力滴灌

重力滴灌就是依靠重力提供水压的滴灌系统。重力可由设施中架高的储水容器产生，如图 5-18 所示。

图 5-18　重力滴灌

五、渗灌

渗灌与地下滴灌相似，只是用渗头代替滴头全部埋在地下。

渗头的水不像滴头那样一滴一滴地流出，而是慢慢地渗流出来，这样渗头不容易被土粒和根系所堵塞。

六、微灌的优点

1. 适应性强

适应性强主要表现在不要求地面平整就可进行灌溉，能够适应各种地形条件，尤其适宜在山丘坡地进行自流灌溉的地方发展，兼有施化肥、喷农药等功能。

2. 省水

微灌全部采用管道输水，灌水均匀，损失较小，因而可以节约灌溉用水。同地面灌溉相比，一般喷灌可省水 30%～50%。由于滴灌没有喷灌时水珠的蒸发飘移损失，因此滴灌比喷灌还要省水。与地面灌溉相比，滴灌一般可省水 50%～70%；在透水性强、保水能力差的土地上省水效果更为显著。在干旱缺水地区，高扬程灌区和井灌区，省水就意味着节省能耗或扩大灌溉面积。

3. 省工省地

微灌实现了灌溉机械化和自动化的操作管理，可以减轻灌水的劳动强度，节省大量劳动力，可以减少杂草的生长，节省田间管理的工时。

据初步统计，微灌可节省用工25%～40%。微灌的输水管道多埋设在地下，减少了灌溉渠道所占的耕地。据统计，采用喷（微）灌后，土地利用率一般可以提高7%～10%。

4. 保持水土和防止土壤次生盐碱化

微灌可以根据土壤的质地和透水性能来调整灌水量和灌水强度，因此不破坏土壤团粒结构，不会产生地表冲刷和土、肥流失现象，不会产生深层渗漏，而且可防止地下水位上升而引起的土壤次生盐碱化。

由于微灌能使作物根部的土壤经常保持在较高含水量的状态，因此还可以使用含有一定盐分的水来灌溉作物。

5. 增产

微灌不会导致地面板结，使土壤始终保持疏松、多孔相通气的良好状况，这种状况有利于土壤养分的分解和作物根系的发育，因此保持和提高了土壤肥力。

微灌还可以调节田间小气候，增加近地表面的空气湿度；滴灌能把肥料直接送到作物的根系周围，有利于作物对养分的吸收。

实践证明：采用喷灌、微灌，粮食作物一般增产10%～30%，经济作物一般增产20%～50%，蔬菜一般增产30%～50%。

七、微灌存在的问题

1. 滴灌（包括重力滴灌）与微喷灌中存在的问题

与其他灌溉方法相比，不具有防干热风、调节田间小气候的作用，对于黏质土壤，因灌水时间较长，根系区土壤水分长期保持高含水量状态，作物根部易生病害；另一方面土壤长期定点灌水会使土壤湿润区与干燥区的交界处盐分聚积，有可能产生土壤次生盐渍化，对作物生长不利。

滴头堵塞问题一直没有得到彻底地解决，应搞好设备设施的配套研制，提高滴头使用寿命，并进行滴灌水源水质分析与处理装置设施及方法的研究，进行滴灌系统施用化肥药液装置使用方法的研究以及安全装置和调压装置的研究。

2. 渗灌中存在的问题

渗灌易于堵塞，不易检查和维修。应加强专用渗管及配件设备研制和渗管主要技术参数及工艺攻关。

第六章 农村水环境治理和保护

第一节 水环境工程的类型和组成

在地球表面、岩石圈内、大气层中、生物体内以气态、液态和固态形式存在的水，包括海洋水、冰川水、湖泊水、沼泽水、河流水、地下水、土壤水、大气水和生物水，在全球构成一个完整的水系统，是地球自然地理环境的重要组成部分，这就是水圈或水环境。

地球上的水经历着不断地变换地理位置和物理形态的运动过程，水在太阳辐射下，因蒸发变成蒸汽进入大气，再经气流的水平输送和上升凝结形成降水，落回地面或海洋。落到地面的雨水，一部分经蒸发返回大气，另一部分以径流的形式注入海洋。自然界中这种水分不断蒸发、输送和凝结形成降水、径流的循环往复过程，称为水循环，如图 6-1 所示。

水环境工程是指研究和从事防治水污染和提高环境质量的工程技术。

水环境工程通常分为给水工程、排水工程、水处理工程等方面。

（1）给水工程是为满足城乡居民及工业生产等用水需要而建造的工程设施。它的任务是自水源取水，并将其净化到所要求的水质标准后，经输配水系统送往用户。给水工程包括水源、取水工程、净水工程、输配水工程四部分。经净水工程处理后，水源由原水变为通常所称的自来水，满足建筑物的用水要求。

（2）排水工程是指排放、接纳、输送、处理、利用污水和雨水的工程，包括污水处理厂和污水管渠系统、雨水管渠系统、排洪沟、排水泵站等工程内容。

（3）水处理工程就是把不符合要求的水净化、软化、消毒、除铁除锰。去重金属离子、过滤等。通俗地讲，水处理工程就是通过物理的、化学的手段，去除水中一些对生产、生活不需要的物质而做的一个项目；是为了适用于特定的用途而对水进行的沉降、过滤、混凝、絮凝，以及缓蚀、阻垢等水质调理的一个项目。

由于社会生产、生活与水密切相关，因此，水处理工程领域涉及的应用范围十分广泛。

115

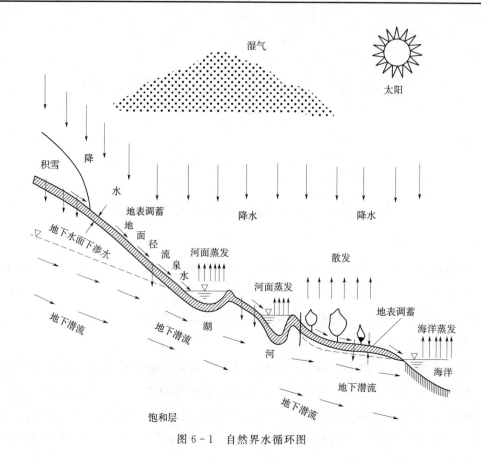

图 6-1 自然界水循环图

第二节 水环境非工程措施

治理水环境也可以通过非工程措施来进行，常见的有物理化学清除技术和生物生态治理技术。

一、物理化学清除技术

1. 底泥疏浚

内河底泥中的污染成分较复杂，主要为有机污染物和重金属。底泥中的硫和氮含量较高，所以这也是内河黑臭的主要原因。底泥疏浚的主要目的是去除底泥所含的污染物（水中的 N、P 等），清除污染水体的内源，减少底泥污染物向水体的释放，使河流及湖泊的容量增大。

物理疏浚是通过疏浚设备水下挖土来完成的，但也存在一些缺陷，如成本高、挖土太深可能会破坏原有的生态系统等。

2. 河道曝气技术

河道曝气技术是指根据受到污染的河流污染后缺氧的特点，人工向水体中充入空气或氧气，加速水体复氧过程，以提高水体的溶解氧水平，恢复和增强水体中好氧微生物的活力，使水体中的污染物得以净化，从而改善河流的水质，具有占地少、投资省、见效快等特点。可以在河流水质变化的不同时期应用，分别达到消除黑臭、减少水体污染的负荷、促进生态系统恢复等目的。

二、生物生态治理技术

生物生态治理技术主要是通过生物（主要是微生物）的作用，人为地创造出一种有利微生物生存的水环境，使河流和湖泊水最大程度恢复其固有的自净能力，将污染物降解成一些无害物质。

使用该技术时，可直接向河道或湖泊投放生物菌种，依靠这些生物的作用来降解水中特殊的污染物质。

除了微生物，也可以通过种植一些特殊植物的方法来净化水体。如采用在水中种植巨紫根水葫芦的方法来吸附和降解蓝藻，快速吸收、降低富营养化水体氮、磷的营养物质的含量，达到净化水体的目的。

第三节　河道生态系统治理

水系生态健康是河道生态系统治理的终极目标。

一、河道污染控制技术

1. 外源污染生态治理技术

外源污染生态治理技术包括河缘人工湿地、滨岸前置库等，其优点是污染处理的成本低，其具有景观与生态保护等多重效应。人工湿地的基本原理是在人工建造的湿地上种植特定的湿地植物，当污水通过湿地系统时，其中的污染物质和营养物质被吸收或分解，使水质得到净化。人工湿地具有投资少、见效快、运行费用低、长期受益等优势，人工湿地建设必须因地制宜。前置库就是在大型河流、水库等水域的入口处设置规模相对较小的水域（子库），将河道来水先蓄在子库内，在子库中实施一系列水的净化措施，同时沉淀污水携带的泥沙、悬浮物后，再排入河湖、水库等水域。前置库的设立，能够有效减少外源有机污染，并且占地少、成本低。

2. 内源污染控制技术

内源污染控制技术是指利用物理、化学、生物三大类技术手段，对水环境中存在的内源污染实施抑制、控制和清除等的一系列技术方法。

（1）物理方法。物理方法主要是指疏挖底泥、机械除藻、引水冲淤和调水等。疏挖底泥意味着将污染物从（河道）系统中清除出去。可以较大程度地削减底泥对上覆水体的污染贡献率，从而改善水质。调水的目的是通过水利设施（如闸门、泵站）的调控引入污染河道上游或附近的清洁水源以改善下游污染河道水质。此类方法往往治标不治本。

（2）化学方法。化学方法如混凝沉淀、加入化学药剂杀藻、加入铁盐促进磷的沉淀、加入石灰脱氮等方法。研究表明，这种方法对浊度、悬浮物（ss）、总磷（TP）去除效果较好，对总氮（TN）、重金属等也有一定的去除效果。

（3）生态—生物方法。该方法主要包括河道曝气复氧法、生物膜技术、生物修复技术、水生植物净化法、组合生物修复技术等。

1）河道曝气复氧法。人工曝气复氧是指向处于缺氧（或厌氧）状态的河道进行人工充氧以增强河道的自净能力，改善水质、改善或恢复河道的生态环境。河道曝气复氧一般采用固定式充氧站和移动式充氧平台两种形式。该工艺具有设备简单、机动灵活、安全可靠、投资省、见效快、操作便利、适应性广、对水生生态不产生任何危害等优点，适合于城市景观河道和微污染源水的治理。

2）生物膜技术。生物膜技术是指使微生物群体附着于某些载体的表面上呈膜状，通过与污水接触，生物膜上的微生物摄取污水中的有机物作为营养吸收并加以同化，从而使污水得到净化。目前，常用于河道污水治理的生物膜技术主要有砾间接触氧化法、生物活性炭填充柱净化法、薄层流法和伏流净化法等，用得比较多的是接触氧化法。

3）生物修复技术。生物修复技术是指利用微生物及其他生物，将水体或土壤中的有毒有害污染物质现场降解为 CO_2 和水，或转化为无毒无害物质的工程技术系统。用于河道污水治理的生物修复技术主要有两类。一类是直接向污染河道水体投加经过培养筛选的一种或多种微生物菌种，试验证明 COD 去除率比较高。另一类是向污染河道水体投加微生物促生剂（营养物质），促进"土著"微生物的生长。投放药剂后，通过促生作用，促进污染物降解微生物的生长，河道中微生物由厌氧向好氧演替，生物由低等向高等演替，生物的多样性不断增加，使污染水体的 BOD_5、COD 迅速下降，溶解氧明显上升，黑臭消除。这种方法对于消除水体黑臭、增加水体溶解氧作用明显。

4）水生植物净化法。该方法是充分利用水生植物的自然净化机能的污水净化方法。例如采用浮萍、湿地中的芦苇等在一定的水域范围进行净化处理。但是生活污水的排入会产生臭气、害虫和景观影响等问题，因此选用时要综合考虑上述问题，如选择在春夏季下风口的位置种植芦苇等。

5）组合生物修复技术。该技术是采用曝气复氧、投加高效微生物菌剂及生物促生液、放养水生植物等构建的组合生物修复技术。这种工艺对严重污染的水体治理效果比较好，单一工程措施的修复效果不如组合技术。

二、生态流量补偿技术

运用跨流域调水、引水、河库连通等工程手段，实施补水以维护江河湖泊生态功能所需的生态水。

三、物理结构修复技术

采用相应的工程技术对河道、河岸、护坡、河阶地等河流物理结构进行改造，如截弯取直恢复、鱼道建设、水利设施拆除、生态护岸等。

1. 截弯取直恢复

加速水流速度，增加水流对河岸及其河道的冲刷，改变水生生物的栖息环境，恢复截弯取直河道，减缓水流，有利于原生环境的恢复，营造良好的栖息环境，提高水域的生物多样性。

2. 生态护岸

生态护岸不是单纯为了改善水质，生态护岸更重要的意义在于恢复河流的生机；创造一个生态环境，让水生动植物有良好的栖息地；同时使沿岸景观更美。

生态护岸的种类有生态袋护岸、植物扦插护岸、生态砖护岸、卵石缓坡护岸、三维植被网植草护坡等。

第四节　河　道　保　洁

河道保洁是对河道水葫芦等河面漂浮物进行清理，以恢复河道行洪、排涝、蓄水、供水、景观等功能的措施。

浙江省河流纵横，水网密布，河流富营养化普遍，全省河道深受水葫芦等水面漂浮物之害。以浙江第一大河钱塘江为例，2004年7月钱塘江下游河段发生大面积蓝藻，持续近40天，使钱塘江水体遭受严重污染。

2005年2月，大量的水葫芦及水面漂浮物滞留在钱塘江杭州河段，并通过水闸进入内河，严重影响杭州市的供水水源珊瑚沙水库的水质和杭州市风景区的形象，如图6-2所示。

图6-2　2005年2月大量的水葫芦及水面漂浮物滞留在钱塘江杭州河段

《中华人民共和国水法》《中华人民共和国防洪法》《中华人民共和国河道管理条例》等水法律法规中均未有专门的河道保洁的条文规定，上述水法律法规对河道清障、清淤作了专门规定。河道清障主要是指对阻水严重的桥梁、码头和其他跨河工程设施以及阻碍行洪的林木和高秆作物进行清理；河道清淤是指对因水土流失造成的河床抬高的砂土、垃圾等进行清淤。随着经济的不断发展、城市化进程的加快、产业结构的调整等因素，近年来全国不少河流遭受水葫芦等河面漂浮物的侵害，河道保洁已成为河道管理的一项日常工作。

为适应经济和社会发展的需要，一些地方已将河道保洁纳入立法之中，作为河道管理法定内容之一。

一、河道保洁的重要性

我国的许多城市和乡村依江傍河，河道与人们的生活休戚相关。由于水体富营养化等原因，20世纪90年代后期以来，我国南方一些省份的主要河道和平原河网水葫芦等水面漂浮物积聚严重，带来阻碍行洪排涝、水质污染、恶化水环境等一系列问题，引起社会各界的关注。

水葫芦等水面漂浮物的主要危害有：①增高洪水位，影响河道行洪排涝安全；②造成河道淤塞，影响航运；③影响水电站等水工建筑物的效益及安全运行；④恶化水质，威胁饮用水安全；⑤水葫芦等河面漂浮物降低水的溶解氧的浓度，增加水中二氧化碳的浓度，影响水产养殖；⑥影响水生态安全，水葫芦生长区内形成优势物种，导致其他水生植物的减少甚至灭绝；⑦降低光线对水体的穿透能力，影响水底生物的生长。

开展河道保洁是确保行洪排涝畅通、饮用水源安全、水工建筑物安全运行、沿江景观、生态环境的具体措施。

开展河道保洁，对保障行洪排涝畅通、供水水质安全、发挥水工建筑物的效益、确保水工建筑物的安全、改善城乡水环境具有重要的作用。

二、河道保洁的作业方式

河道保洁的作业方式受到河道特性、水流急缓、漂浮物来源、风向等因素的影响，作业方式较多，主要有水面（巡回）人工打捞作业、水面机械保洁作业、岸边（巡回）人工打捞作业以及拦截漂浮物打捞作业等四种。每一种作业方式都有不同的作业工艺，适用不同的河道、河段甚至不同的季节，实际操作中，作业单位因地制宜，根据不同情况选用不同的作业方式和作业工艺。

三、河道保洁的模式

我国河道保洁运作模式主要如下：

（1）市场运作型，即作业队伍的保洁经费通过招投标方式取得。上海、浙江、江苏的一些市、县（市、区）采用了市场化的运作模型进行河道保洁。如2002年苏州市人民政府出台了《关于加强城区河道水面保洁管理的实施意见》和《城区河道保洁招标办法》，采用政府财政购买公共服务的方法，依照市场化运作方式，将城区80km河道划分为16个标段向社会公开进行招标，落实保洁队伍，并实行了"三定、三查"制度。"三定"指定保洁责任人，定保洁河段，定保洁标准；"三查"指承包人每日自查，沿河居委会参与监督检查，河道巡查员每日全面巡查。截至2006年年底，全市已建立长效管理队伍459个，拥有河道保洁员8200人。

（2）财政拨款或补助型，即由市、区管理部门每年编制河道保洁经费预算并上报市、区财政，由市、区财政核定拨款。或由政府管理部门根据河道保洁作业单位的作业质量状况，适当给予一定的经济补贴或奖励。如余姚市明确规定，保洁经费分级负担，省、市级河道保洁经费由市财政负担，镇（乡、街道）级、村级河道保洁经费由市财政补助，各乡镇（街道）配套。市财政分别按 1.0 元/m、0.5 元/m给予镇（乡、街道）级、村级补助河道保洁经费。

不论是市场运作还是财政拨款补贴，河道保洁的经费最终还是由各级财政承担，这与河道保洁作业公共物品属性是一致的。在河道保洁方面，采取公开招标购买服务、建立严格的考核体系是提高财政资金的使用效率、提高河道保洁质量、提高作业服务水平的有效方式。

四、河道保洁的标准

对河道保洁，国家有关部门尚未制定行业标准，各地在保洁工作中，根据当地的情况提出了保洁要求。这些保洁要求大部分是以政府文件或政府职能部门的文件下发的，不是严格意义上的标准。例如，2014 年浙江省水利厅与浙江省财政厅联合下发的《浙江省河道保洁长效管理考核办法》，明确河道保洁的标准是：河面无漂浮废弃物、河中无障碍、河岸无垃圾、河道打捞物日产日清。

五、水葫芦的清除

世界各国都非常重视水葫芦的防治和利用，目前水葫芦防治技术主要分为四种：一是化学防治；二是生物防治；三是综合利用；四是人工及机械打捞。

1. 化学防治

化学防治就是利用草甘膦、农达等化学除草剂来控制水葫芦，特点是使用方便、效果迅速。化学除草剂可以有效杀死水葫芦，但杀死的水葫芦如不及时进行打捞，对水体又造成污染，而且除草剂无法清除水葫芦种子，效果不能持久。

2. 生物防治

生物防治就是用昆虫治理水葫芦。目前，国际上大多是以引进象甲虫等昆虫进行生物防治，利用食物链原理对水葫芦实施生物防治。在浙江省宁波市曾做过生物治理的实验，根据实验的情况，象甲虫最怕低温，一般气温在 5℃ 以下，象甲虫就会不吃不动；0℃ 以下，它们就会被冻死，而在低温时水葫芦也会枯死，象甲虫没有食物链，因此如何让象甲虫安全越冬保种是个大问题。按宁波市农科院的测算，在浙江，使用象甲虫的治理成本费用要比人工打捞高出 1～2 倍。

特别需要指出的是，对原本没有象甲虫的生态系统来说，引进新的物种会不会导致新的生态灾难，是一个有待研究的问题。

3. 综合利用

对水葫芦的利与弊国内专家一直存在争议。有的专家认为水葫芦存在不少经济价值，比如说可以净化水质，可以作为饲料和肥料。中国科学院武汉水生生物所的专家还提出可以制成蔬菜、加工提炼食品、保健品等。但一些生态专家指出，非洲的苏丹曾引进德国设备、技术综合利用水葫芦，后因成本大、收益小而失败。水葫芦95％以上的成分是水，捞起晾干后只有5％的干物质，纤维也较短，可利用率低。大规模综合利用水葫芦时往往需建工厂车间，只有大量的、源源不断的水葫芦才能维持工厂的正常运转，当水葫芦原料紧缺时，在原有水葫芦的河道、湖泊人工繁殖水葫芦则是不现实的，因而，大规模综合利用水葫芦并不现实。

4. 人工及机械打捞

我国广东、云南、浙江、上海、福建等地每年都要进行水葫芦打捞。各地在多年实践的基础上，根据水葫芦生长和繁殖的规律，已探索了一套较为有效的打捞方法，并出台了管理办法，落实打捞经费和人员。如福建省，按照"政府发动、属地管理、业主负责、群众参与"的原则，利用冬季农闲时节，对全省江河、湖泊、水库、池塘等处的水葫芦采取人工及机械打捞为主的办法，进行全面彻底打捞、处理，在春季前使各水域的水葫芦得到清除，春季后进入保洁阶段，由保洁工长期巡查，发现有水葫芦立即清理。浙江省宁波市从2002年开始，建立了市县两级以水利局为中心、全市各级乡政府参与、责任到人的河道保洁网络，每年对各地城镇河道和城镇附近河道实行全年保洁公开招标，保洁经费分次拨款，由水利部门和当地政府组织进行保洁效果定期检查，保洁工作绩效与保洁经费挂钩。

第七章　涉水事务管理

第一节　水　　权

水权是产权理论渗透到水资源领域的产物，从产权角度来讲，水权应该是以水资源所有权为基础的一组权利。

我国的《宪法》规定了国家也即全民是自然资源的所有者，2002年新《水法》也规定了国家是水资源的所有者，国务院代表国家行使所有权。2005年1月颁布并实施了《水利部关于水权转让的若干意见》，标志着我国水权交易在实践中发展的时候到了。而2007年3月颁布的物权法的相关规定，将取水权纳入到用益物权的范围。2011年开始，中央推行"最严格水资源管理"，水的重要性被进一步提升。我国目前的水权交易相关制度，主要还是在《水利部关于水权转让的若干意见》中规定的，主要内容如下：

（1）这是我国首次规定的水权交易范围的规定，在其中规定了首要满足的是居民日常的生活用水，在满足这个条件的基础上才提到其他部门的用水。其次是要保证农业水资源的量，在农业用水基本量得到保证的情况下才可以从农业向其他行业进行转让交易。也强调了生态环境用水的重要性，生态环境用水是不可转让交易的。

（2）我国首次明确水权交易费。水权交易费主要是指相关生态的补偿，它是由所交易水权的价格决定的。其内容主要包括水利建设、水利设备的维护、环境生态的影响，还有第三方利益在经济方面的补偿、水价以及年限费用等。

（3）关于水权交易的年限，该《意见》指出，水权交易年限的确定必须根据水资源管理和配置两方面的需求，结合水工程使用年限和需水项目的使用年限，同时照顾供求双方的利益，由双方协商决定，并根据取水许可管理的有关规定，提交相关资料进行审查复核。

（4）规定了水权交易的六项基本原则。水资源可持续利用原则，政府调控与市场机制相结合原则，公平与效率相结合原则，产权明晰的原则，公平、公正、公开的原则,有偿转让和合理补偿的原则。

《中华人民共和国水法》也做出了开发和利用水资源需要优先满足居民生活用水,也保护单位以及个人开发利用水资源的合法权益,还有开发利用水资源要统筹工业、农业和航运需要的权益。当水资源的所有权和水资源的使用权产生纠纷时,规定了用行政方式来处理问题,我国行政复议法也对这个做出了相应规定。在实践中,我国对水资源开发利用的各方产生各种纠纷时,基本的解决方式也是通过行政的手段。

第二节　水事纠纷调处

《中华人民共和国水法》第五十六条到第六十三条,系统地规定了水事纠纷的调处方法和程序,水利执法人员在执法时的责任、职权和原则等。

第五十六条　不同行政区域之间发生水事纠纷的,应当协商处理;协商不成的,由上一级人民政府裁决,有关各方必须遵照执行。在水事纠纷解决前,未经各方达成协议或者共同的上一级人民政府批准,在行政区域交界线两侧一定范围内,任何一方不得修建排水、阻水、取水和截(蓄)水工程,不得单方面改变水的现状。

第五十七条　单位之间、个人之间、单位与个人之间发生的水事纠纷,应当协商解决;当事人不愿协商或者协商不成的,可以申请县级以上地方人民政府或者其授权的部门调解,也可以直接向人民法院提起民事诉讼。县级以上地方人民政府或者其授权的部门调解不成的,当事人可以向人民法院提起民事诉讼。

在水事纠纷解决前,当事人不得单方面改变现状。

第五十八条　县级以上人民政府或者其授权的部门在处理水事纠纷时,有权采取临时处置措施,有关各方或者当事人必须服从。

第五十九条　县级以上人民政府水行政主管部门和流域管理机构应当对违反本法的行为加强监督检查并依法进行查处。

水政监督检查人员应当忠于职守,秉公执法。

第六十条　县级以上人民政府水行政主管部门、流域管理机构及其水政监督检查人员履行本法规定的监督检查职责时,有权采取下列措施:

(一)要求被检查单位提供有关文件、证照、资料;

(二)要求被检查单位就执行本法的有关问题作出说明;

(三)进入被检查单位的生产场所进行调查;

（四）责令被检查单位停止违反本法的行为，履行法定义务。

第六十一条 有关单位或者个人对水政监督检查人员的监督检查工作应当给予配合，不得拒绝或者阻碍水政监督检查人员依法执行职务。

第六十二条 水政监督检查人员在履行监督检查职责时，应当向被检查单位或者个人出示执法证件。

第六十三条 县级以上人民政府或者上级水行政主管部门发现本级或者下级水行政主管部门在监督检查工作中有违法或者失职行为的，应当责令其限期改正。

第八章 水利员基本技能

第一节 水利工程识图知识

水利工程识图知识主要指制图的基本知识、投影制图知识。

一、制图的基本知识

1. 图纸幅面

图纸幅面大小是由国家规定的，见图8-1。分为0号、1号、2号、3号、4号图纸。代号为A0、A1、A2、A3、A4，图纸的规定大小以及幅面尺寸为：A0：841mm×1189mm；A1：594mm×841mm；A2：420mm×594mm、A3：297mm×420mm、A4：210mm×297mm。

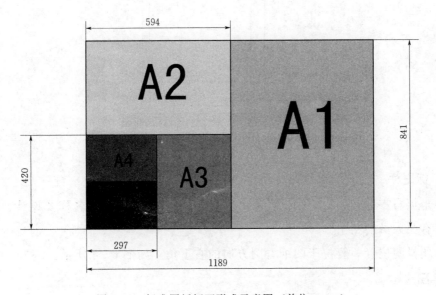

图8-1 标准图纸幅面形成示意图（单位：mm）

2. 图框格式

图纸以短边作垂直边称为横式，以短边作水平边称为立式，如图 8-2、图 8-3 所示。

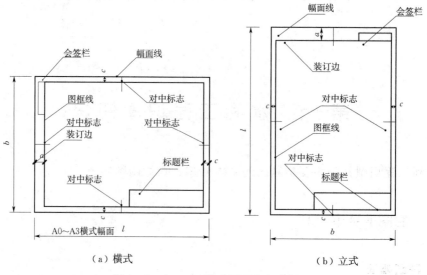

（a）横式　　　　　　　　　　（b）立式

图 8-2　A0～A3 横式幅面和立式幅面

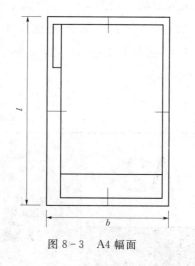

图 8-3　A4 幅面

3. 标题栏

用来填写零部件名称、所用材料、图形比例、图号、单位名称及设计、审核、批准等有关人员的签字。

标题栏的位置一般位于图纸看图方向的右下角，如图 8-4 所示。

4. 图线

图样中为了表示不同内容，且主次分明，绘图须选用不同线型和线宽的图线，见表 8-1。

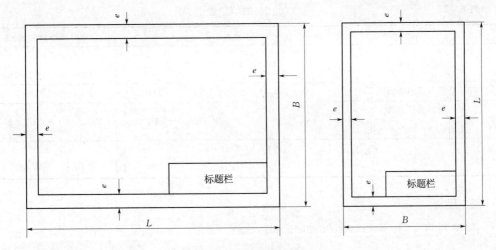

图 8-4　标题栏示意图

表 8-1   线 型 和 线 宽

名称		线型	线宽	一般用途
实线	粗		b	主要可见轮廓线
	中		$0.5b$	可见轮廓线
	细		$0.25b$	可见轮廓线、图例线
虚线	粗		b	见有关专业制图标准
	中		$0.5b$	不可见轮廓线
	细		$0.25b$	不可见轮廓线、图例线
单点长画线	粗		b	见有关专业制图标准
	中		$0.5b$	见有关专业制图标准
	细		$0.25b$	中心线、对称线线
双点长画线	粗		b	见有关专业制图标准
	中		$0.5b$	见有关专业制图标准
	细		$0.25b$	假想轮廓线、成型前原始轮廓线
折断线			$0.25b$	断开界线
波浪线			$0.25b$	断开界线

5. 比例

　　图样的比例为图形与实物相对应的线型尺寸之比。比例的大小是指其比值的大小。比例的写法见表 8-2。

表 8 – 2 比 例 的 写 法

图名	常用比例					必要时可增加的比例
总平面图	1：500	1：1000	1：2000			1：2500 1：50000　1：10000
总图专业的断面图	1：100	1：200	1：1000	1：2000		1：500　1：5000
平面图　立面 剖面图　次要平面图	1：50	1：100	1：200	1：300	1：400	1：150　1：300　1：500
详图	1：1　1：2　1：5　1：10 1：20　1：25　1：50					1：3　1：4 1：30　1：40

6. 尺寸

尺寸标注如图 8-5～图 8-9 所示。

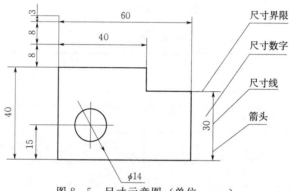

图 8-5　尺寸示意图（单位：mm）

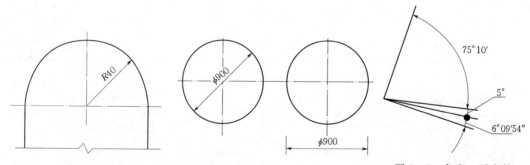

图 8-6　半径、直径的尺寸示意图（单位：mm）　　图 8-7　角度、弧度的尺寸标注

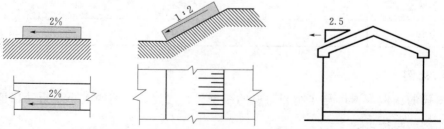

图 8-8　坡度的尺寸标注（箭头指向下坡方向）

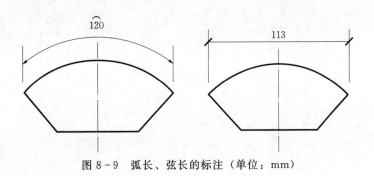

图 8-9 弧长、弦长的标注（单位：mm）

二、投影制图知识

投影法定义：将投射线通过物体，向选定的平面投射，并在该平面上得到图形的方法称为投影法。根据投影法所得到的图形称为投影图，投影法中得到投影的平面称为投影面，如图 8-10～图 8-12 所示。

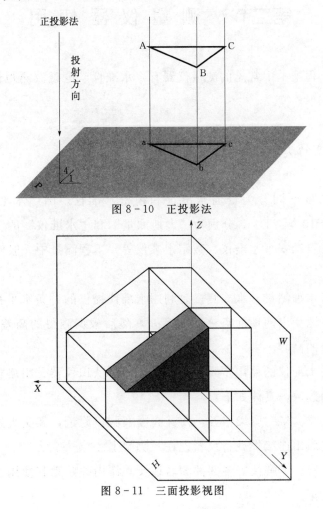

图 8-10 正投影法

图 8-11 三面投影视图

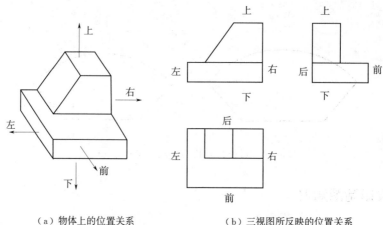

（a）物体上的位置关系 　　　　　　　（b）三视图所反映的位置关系

图 8-12　三视图反映的位置关系

第二节　测量仪器使用

水利水电工程施工中常见的测量仪器有：水准仪、电磁波测距仪、全站仪、全球定位系统（GPS）等。

一、水准仪分类、作用及使用方法

水准仪按精度不同分为普通水准仪和精密水准仪。国产水准仪按精度分有DS05、DS3、DS10 等，D、S 分别为"大地测量"和"水准仪"的汉语拼音第一个字母。另外还有自动安平水准仪、数字水准仪等。工程测量中一般使用 DS3 型微倾式普通水准仪。

水准仪用于水准测量，水准测量是利用水准仪提供的一条水平视线，借助于带有分划的尺子，测量出两地面点之间的高差，然后根据测得的高差和已知的高程，推算出另一个点的高程。

微倾式普通水准仪的使用步骤包括安置仪器、认识仪器、粗略整平、调焦和照准、精确整平和读数，具体如下：

（1）安置仪器。将三脚架张开，使其高度在胸口附近，架头大致水平，并将脚尖踩入土中，然后用连接螺旋将仪器连在三脚架上。

（2）认识仪器。了解仪器各部件的名称及其作用并熟悉其使用方法，同时熟悉水准尺的分划注记。

（3）粗略整平。先对向转动两只脚螺旋，使圆水准器气泡向中间移动，再转动另一脚螺旋，使气泡移至居中位置。

（4）调焦和照准。转动目镜调焦螺旋，使十字丝清晰；转动仪器，用准星和照门瞄准水准尺，拧紧制动螺旋（手感螺旋有阻力），转动微动螺旋，使水准尺成像在十字丝交点处。当成像不太清晰时，转动对光螺旋，消除视差，使目标清晰。

（5）精确整平和读数。在水准管气泡窗观察，转动微倾螺旋使符合水准管气泡两端的半影像吻合，视线即处于精平状态，在同一瞬间立即用中丝在水准尺上读取米、分米、厘米，估读毫米，即读出四位有效数字。

读数时要按照以下步骤：①对中整平，量仪器高；②读前视距塔尺读数，③读后视距塔尺读数；前后视距尽量相等；④前视读数减后视读数计算高差；⑤改变仪器高再测一次，与前次结果比较，看是否一致或者在误差范围内，在范围内结果可用，否则重新测量。需记录日期、天气、观测人、记录人、仪器高、前视塔尺读数、后视塔尺读数、前视距、后视距。

二、电磁波测距仪分类、作用及使用方法

电磁波测距仪按其所用的载波可分为：用微波段的无线电波作为载波的微波测距仪；用激光作为载波的激光测距仪；用红外线作为载波的红外测距仪；后两者又统称为光电测距仪。

电磁波测距仪是用电磁波（光波或微波）作为载波传输测距信号，以测量两点间距离的。一般用于小地区控制测量、地形测量和工程测量等。

电磁波测距仪的使用步骤：

（1）为测量 A、B 两点的距离 D，先在 A 点安置经纬仪，对中整平，然后将测距仪安置在经纬仪望远镜的上方。

（2）在 B 点安置反射镜。

（3）瞄准反射器。

（4）设置单位、棱角类型和比例，改正开关在需要的位置。

（5）距离测量。

（6）运用键盘除可以实现上述测距外，还可通过输入有关数据计算平距、高差和坐标增量。

三、全站仪的作用及使用方法

全站仪是一种集自动测距、测角、计算和数据自动记录及传输功能于一体的自

动化、数字化及智能化的三维坐标测量与定位系统。

全站仪的功能是测量水平角、竖直角和斜距，借助于机内固化的软件，可以组成多种测量功能，如可以计算并显示平距、高差以及镜站点的三维坐标，进行偏心测量、悬高测量、对边测量、面积计算等。

全站仪放样模式有两个功能，即测定放样点和利用内存中的已知坐标数据设置新点，如果坐标数据未被存入内存，则也可从键盘输入坐标。放样步骤如下：

（1）选择数据采集文件，使其所采集数据存储在该文件中。

（2）选择坐标数据文件，可进行测站坐标数据及后视坐标数据的调用。

（3）设置测站点。

（4）设置后视点，确定方位角。

（5）输入所需的放样坐标，开始放样。

四、全球定位系统（GPS）的作用及使用方法

全球定位系统是拥有在海、陆、空全方位实时三维导航与定位能力的新一代卫星导航与定位系统。GPS 具有全天候、高精度、自动化、高效益等显著特点。在大地测量、城市和矿山控制测量、建筑物变形测量、水下地形测量等方面得到广泛的应用。使用时只需将 GPS 电池开关调到"ON"处，屏幕上出现"开始"界面后，按提示操作即可。

第三节　施　工　放　样

把设计图纸上工程建筑物的平面位置和高程，用一定的测量仪器和方法测设到实地上去的测量工作称为施工放样（也称施工放线）。

施工放样主要有：平面位置的放样、高程放样，以及竖直轴线放样。

平面位置和高程均通过对每个特征点的放样实现。特征点的放样通常采用极坐标法，也可用直角坐标法和交会法，高程放样则常用水准测量方法。当待放样点同附近控制点的高差较大（如放样高层建筑某层或井下某点的高程）时，常用长钢尺代替水准尺测设高程，或用电磁波测距三角高程测量方法；放样竖直轴线可用吊锤、光学投点仪或激光铅垂仪等。除使用经纬仪、水准仪、全站仪、GPS 外，还可以选择使用激光指向仪、激光铅垂仪、激光经纬仪、激光水准仪等，以提高放样速度和精度。

以全站仪施工放样为例，施工放样的步骤如下：

(1) 选取两个已知点，一个作为测站点，另外一个为后视点，并明确标注。

(2) 取出全站仪，已知点将仪器架于测站点，进行对中整平后量取仪器高。

(3) 将棱镜置于后视点，转动全站仪，使全站仪十字丝中心对准棱镜中心。

(4) 开启全站仪，选择"程序"进入程序界面，选择"坐标放样"，进入坐标放样界面，选择"设置方向角"，进入后设置测站名，输入测站点坐标及高程，确定后进入设置后视点界面，设置后视点名，确认全站仪对准棱镜中心后输入后视点坐标及高程，点确定后弹出设置方向值界面并选择"是"，设置完毕。

(5) 然后进入设置放样点界面，首先输入仪器高，点击确定，接着输入放样点名，确定后输入放样点坐标及高程，完成确定后输入棱镜高，此时放样点参数设置结束，开始进行放样。

(6) 在放样界面选择"角度"进行角度调整，转动全站仪将 dHR 项参数调至零，并固定全站仪水平制动螺旋，然后指挥持棱镜者将棱镜立于全站仪正对的地方，调节全站仪垂直制动螺旋及垂直微动螺旋使全站仪十字丝居于棱镜中心，此时棱镜位于全站仪与放样点的连线上，接着进入距离调整模式，若 dHD 值为负，则棱镜需向远离全站仪的方向走，反之向靠近全站仪的方向走，直至 dHD 的值为零时棱镜所处的位置即为放样点，将该点标记，第一个放样点放样结束，然后进入下一个放样点的设置并进行放样，直至所有放样点放样结束。

第四节　质量检验基础知识

一、质量检验

质量检验就是对产品或服务的一种或多种特性进行测量、检查、试验、计量，并将这些特性和规定的要求进行比较以确定其符合性的活动。更简明的定义就是：所谓质量检验，就是这样的业务活动，决定产品是否在下道工序使用时适合要求，或是在出厂检验场合，决定能否向消费者提供。

二、质量检验的作用

既要代表企业进行把关检验，执行内部监督，又要代表国家和用户进行验收，所以同社会和用户（消费者）的利益紧密相关。质量检验既要对出厂产品的质量起把关作用，防止漏检，也要维护企业的正当利益，防止错检。质量检验应维护生产者、用户和国家三方面的利益。因此，质量检验必须做到三性，即公正性、科学性、权威性。

三、质量检验的基本职能

质量检验具有把关的职能、预防的职能、报告的职能、改进的职能。

（1）把关的职能。最基本的质量保证职能，首先是剔除废次品，以保证向下流转或出厂的产品都是合格品。

（2）预防的职能。通过工序能力测定或控制以及通过首检与巡检预防不合格品产生。

（3）报告的职能。反馈传递质量信息的职能，这是为了使领导者和有关质量管理部门及时掌握产品的质量状态，了解产品质量的变化情况和存在的问题，必须把检验结果用报告的形式，反馈给领导者和有关质量管理部门，以便作出正确的判断和采取有效的决策措施。

（4）改进的职能。提出切实可行的建议和措施。

四、质量检验的基本内容

质量检验的基本内容包括熟悉检验依据、正确使用测量设备与掌握检验方法、度量、比较、判断、处理、记录、反馈。

（1）熟悉检验依据，如产品的技术标准或要求、检验标准和其他要求。

（2）正确使用测量设备与掌握检验方法，要求通过培训和实践，提高检验的水平。

（3）度量。测量与测试。

（4）比较。把测量和试验结果与检验依据进行比较确定质量是否符合要求。

（5）判断。根据检验结果与技术标准比较，作出判定产品质量符合与否的结论。

（6）处理。根据判断结论对产品按有关规定作出相应的处理。

（7）记录。将检验数据和检验结论以检验报告的形式提出。记录应准确、清晰、完整；记录应保证及时性、真实性、准确性、完整性、可验证性、可追溯性。

（8）反馈。提供和传递质量检验中的质量信息。

五、质量检验的方式

按检验数量分全数检验、抽样检验；按质量特征分计数检验、计量检验；按检验性质分理化检验、感官检验；按检验后试验对象完整性分破坏性检验、非破坏性检验；按检验目的分验收性质检验（进货、交收）、监控性质检验（首件、巡检）。

六、基本检验类型

基本检验可以分为进货检验、过程检验和最终检验；也可以分为成品完工检验和交付检验（包括包装、合同要求检验）。

七、检验误差

检验误差通常有错检与漏检两类，具体可分为：①主观的、人为的——技术性误差、情绪性误差、明知故犯误差等；②客观的——程序性误差。

八、不合格品管理

对于不合格品，一般进行隔离、标识、评价、处置、记录和通报。

（1）使用检验和试验标识，以区别产品的不同质量状态，防止误用不合格品。

（2）评价的"三不放过"：不查清不合格原因不放过；不查清责任者不放过；不落实改进措施不放过。

（3）处置方式：通过返工后可能成为合格品，需复检；通过返修后仍是不合格品，需复检；经过审批作让步接收；降级或改作他用；拒收或报废。

九、检验人员的素质要求

检验人员需具有一定的文化程度、认真负责的工作态度，熟悉产品的要求和检验的技术，能对检验工作有正确理解。

应做好"三员"：①好的质量监督员，严格把关；②好的质量宣传员，提高生产工人的质量意识；③好的质量服务员，当好生产工人保证质量的参谋，帮助生产工人生产出合格的产品。

十、三检制

所谓"三检制"就是实行操作者的自检、工人之间的互检和相关专职检验人员的专检相结合的一种检验制度。

附录 浙江省农村主要涉水法律和政策

附录1 浙江省山塘安全管理办法

第一章 总 则

第一条 为了加强山塘安全管理，保障山塘安全正常运行及下游防汛安全，发挥山塘效能，根据《农田水利条例》《浙江省水利工程安全管理条例》《浙江省水库大坝安全管理办法》等法规、规章，结合本省山塘管理实际，制定本办法。

第二条 本办法所称山塘是指毗邻坡地修建的、坝高 5m 以上且具有泄洪建筑物和输水建筑物、总容积不足 10 万 m^3 的蓄水工程。

本省行政区域内山塘的注册登记、运行管理、巡查管护、安全认定与评估、报废及综合整治，适用本办法。

第三条 省水行政主管部门对全省山塘安全管理进行业务指导，建立全省山塘统一工作平台，组织拟订山塘的建设、综合整治、运行管理、巡查管护的技术标准。

设区市水行政主管部门对本行政区域内山塘安全管理进行业务指导，督促所属县（市、区）对全省山塘统一工作平台进行信息数据更新。

第四条 县级水行政主管部门负责本行政区域内山塘安全的监督管理，实施山塘注册登记，建立山塘安全监督管理规章制度。

设区市或县级水利、农业、林业、旅游、建设等有关部门和监狱（以下统称山塘主管部门）负责其直属单位所有的山塘安全管理的监督检查。

乡级人民政府（街道办事处）负责本行政区域内农村集体经济组织、民营企业、社会组织、公民所有的山塘安全管理的监督检查。

第五条 山塘所有权人对山塘安全管理负直接责任，是山塘运行管理、巡查管护及综合整治的管理单位或责任主体。

山塘主管部门、乡级人民政府（街道办事处）应定期公布所管辖山塘的安全管理责任人名单，并与山塘所有权人签订山塘安全管理责任书。

第六条 山塘综合整治或建设必须符合相关技术标准。

高坝山塘综合整治或建设还必须符合涉及大坝安全的国家和行业技术标准。

第七条 符合下列条件之一的山塘，应当通过降低溢洪道堰顶高程、扩大溢洪道泄洪能力、总体降低坝高等削减山塘总容积的方式进行综合整治，并在综合整治前由山塘所有权人在与山塘有关联的自然村和行政村予以公示：

（一）原功能萎缩或部分被其他措施替代但尚存在利用价值，削减山塘总容积后可保证山塘及下游防洪安全的；

（二）存在严重质量问题但实施报废有难度，削减山塘总容积后可正常发挥相应功能，并保证山塘及下游防洪安全的；

（三）原功能基本丧失但实施报废有难度，削减山塘总容积后可保证山塘及下游防洪安全的；

（四）对公共安全或者生态环境构成严重威胁，削减山塘总容积后可保证山塘及下游防洪安全的；

（五）因其他原因需要削减山塘总容积的。

第二章 注 册 登 记

第八条 山塘主管部门、乡级人民政府（街道办事处）应组织所有权人向县级水行政主管部门申报注册登记，并提交山塘主要技术经济指标资料和山塘注册登记表。

第九条 县级水行政主管部门利用全省山塘统一工作平台对山塘予以注册登记，并于每年3月底前更新山塘统一工作平台信息数据。

第十条 已注册登记的山塘有下列情况之一的，应在3个月内向县级水行政主管部门办理变更事项登记：

（一）完成综合整治的；

（二）所有权人发生变化的；

（三）山塘主管部门或山塘所在乡级人民政府（街道办事处）发生变更的。

第十一条 经批准报废的山塘，山塘主管部门或乡级人民政府（街道办事处）应当在组织实施报废完成并验收后15个工作日内向县级水行政主管部门办理注销手续。

因工程建设或其他原因占用、拆除的山塘，山塘主管部门或乡级人民政府（街道办事处）应当在开始实施后 15 个工作日内向县级水行政主管部门办理注销手续。

第三章　运 行 管 理

第十二条　山塘管理范围应报经县级人民政府批准，由山塘主管部门或乡级人民政府（街道办事处）组织设置界桩和公告牌。任何单位和个人不得擅自移动、损坏界桩和公告牌。

在山塘管理范围内不得增设与山塘安全管理无关的建筑物和构筑物，也不得进行爆破、打井、采石、采矿、取土、造坟等危害山塘安全的活动。

第十三条　山塘坝顶原则上不作为交通道路，只有满足必要的安全通行条件方可通行车辆。不具备通行条件的应当设置隔离设施。

山塘坝顶确需兼做公路的，公路主管部门应设置相应的安全设施和交通标志、标线，采取相应的安全加固措施并承担日常维护。

第十四条　高坝山塘和屋顶山塘所有权人必须按照国家和省有关技术标准，根据山塘安全监测和检查的实际需要，设置必要的安全监测设施。应设置安全监测设施但未设置的，或安全监测设施损坏失效的，应予以补设或修复。发现山塘有异常情况，应及时报告山塘主管部门、乡级人民政府（街道办事处），并采取防范和保护措施。

第十五条　任何单位和个人利用山塘开展旅游、养殖等经营活动，不得影响山塘运行，危害山塘安全，破坏生态环境。

通过租赁、承包或使用权流转等方式利用山塘开展旅游、养殖等经营活动，经营者应当协助所有权人做好山塘安全管理有关工作，具体可通过合同予以约定。

第四章　巡 查 管 护

第十六条　山塘所有权人负责山塘的日常运行管理工作，依照有关规定落实巡查管护人员和巡查管护经费。

高坝山塘和屋顶山塘所有权人应当建立健全日常维护、安全运行、应急处置等相关制度，加强日常巡查、维修养护、控制运行等工作，完善技术档案，规范操作规程，保障工程完好和运行安全。

第十七条　巡查管护人员是山塘所有权人确定的山塘巡查管护具体责任人，其年龄应不超过 65 周岁、常年居住和生活在山塘所在地附近、身体健康、责任心强、熟悉所巡查管护山塘的基本情况。

巡查管护人员不得同时承担两座以上高坝山塘或屋顶山塘的巡查管护任务。

农村集体经济组织主要负责人不得兼任本农村集体经济组织所有的高坝山塘或屋顶山塘巡查管护人员。

第十八条 山塘主管部门、乡级人民政府（街道办事处）应督促山塘所有权人确定巡查管护人员，每年汛前公布所管辖山塘巡查管护人员名单，并组织一次巡查管护人员业务培训，帮助其了解水工建筑物维修养护规程和有关质量标准，掌握山塘工程运行管理方面的专业知识。年终对所管辖山塘巡查管理工作和巡查管护人员进行年终目标考核。

第十九条 山塘巡查管护的范围包括：坝体、坝趾区、泄洪建筑物、输水建筑物、启闭设备、蓄水区岸坡、管理设施以及水体、水质等。具有供水功能的山塘，应通过观察山塘水生物、水源浊度以及嗅觉等感官性状，关注水体、水质，防范危及饮水安全的事件发生。

第二十条 县级水行政主管部门应当依照山塘运行管理的地方技术标准，结合本地的实际情况，具体规定山塘的巡查管护项目及内容并统一记录表式。

第二十一条 高坝山塘、屋顶山塘和作为饮用水源且日供水能力200t以上的普通山塘的巡查频次依照山塘运行管理的地方技术标准执行。

其他普通山塘的巡查频次可适当放宽。具体由设区市或县级水行政主管部门另行规定。

第二十二条 巡查管护人员在进行巡查时应当注意自身安全。有条件的地方应组织巡查管护人员参加意外伤害保险。

第二十三条 县级水行政主管部门应加强山塘巡查管理的技术指导，抽查复核山塘主管部门、乡级人民政府（街道办事处）对山塘巡查管理和巡查管护人员年终目标考核结果，考核合格的山塘给予一定的巡查经费补助。

对巡查工作到位、责任心强的巡查管护人员，有关部门应给予表彰，对于为保护群众安全或在山塘抢险中做出突出贡献的巡查员，应给予通报表彰。

巡查管护人员不按要求进行巡查、记录不规范、汇报不及时的，可视情况适当扣除其当年的巡查工作报酬；多次发生此类情况的，所有权人应更换巡查管护人员。对山塘出现安全隐患和发生安全事故，巡查管护人员不在现场或在现场知情不报的按有关规定追究责任。

第五章　安全认定与评估

第二十四条 山塘主管部门或乡级人民政府（街道办事处）应组织对高坝山塘

和屋顶山塘进行安全技术认定。

高坝山塘和屋顶山塘安全技术认定每 10 年进行一次，当遭遇特大洪水或工程发生重大事故或发生影响安全的异常现象后，应组织专门的安全技术认定。

第二十五条　高坝山塘和屋顶山塘安全技术认定参照《浙江省小型水库大坝安全技术认定办法》执行，程序和工作内容可适当简化，认定的安全状况区分为危险山塘、病害山塘、正常山塘，具体认定分类标准另行制定。

第二十六条　山塘主管部门或乡级人民政府（街道办事处）应组织对普通山塘进行安全评估。

普通山塘安全评估可以不定期集中成批进行。当遭遇特大洪水或工程发生重大事故或发生影响安全的异常现象后，应组织专门的安全评估。

评估的安全状况区分为病害山塘、正常山塘，具体评估分类标准另行制定。

第二十七条　认定或评估为危险山塘、病害山塘的，由县级水行政主管部门予以公告，并督促山塘主管部门或乡级人民政府（街道办事处）和所有权人及时消除安全隐患。

高坝山塘和屋顶山塘认定为危险山塘、病害山塘的，县级水行政主管部门还应向省和设区市水行政主管部门报告。

第二十八条　山塘主管部门或乡级人民政府（街道办事处）应限期组织对认定或评估的危险山塘、病害山塘进行综合整治或者报废处理。病害山塘也可以降低正常水位或增加泄洪能力运行。

未进行综合整治或者报废处理的危险山塘，必须放空，不得继续蓄水。

第六章　报　　废

第二十九条　山塘存在安全隐患，对公共安全或者生态环境构成严重威胁，应当报废的，由县级水行政主管部门组织技术论证，作出强制报废的决定，由山塘主管部门或乡级人民政府（街道办事处）组织制定报废实施方案并负责组织实施。

第三十条　山塘需要报废且不属于前条情况的，山塘主管部门或乡级人民政府（街道办事处）应当依法组织技术论证，制定报废实施方案，报县级水行政主管部门批准后组织实施。

第三十一条　山塘实施报废前，山塘主管部门或乡级人民政府（街道办事处）应在与山塘有关联的自然村和行政村予以公示，内容包括山塘概况、运行情况和效益、报废理由、所有权人或利害关系人的意见等。

第三十二条　山塘报废实施方案的内容应当包括山塘工程概况、运行现状和效益、报废理由、报废技术措施（拆除挡水建筑物、排洪安全措施等）、经费预算、报废后土地利用方案，报废对下游防洪影响和采取的相应措施等。

第三十三条 县级水行政主管部门应组织对山塘报废实施方案进行技术审查，并对山塘报废工作实施监督。

第三十四条 山塘报废应严格按照批准的实施方案组织实施，确保防洪安全，不留隐患。

第三十五条 山塘报废实施完成后，由县级水行政主管部门组织验收，并有山塘主管部门、乡级人民政府（街道办事处）、所有权人及相关部门参加。

第三十六条 山塘报废后适宜改造成耕地的，应优先向当地国土部门提出申请并改造成耕地。

第七章 附 则

第三十七条 本办法所涉及术语解释：

（一）高坝山塘，是指坝高 15m 以上的山塘。

（二）屋顶山塘，是指失事后可能导致人员伤亡或房屋倒塌的山塘。一般同时具备以下条件：集雨面积 0.1km² 以上、坝高 5m 以上且不足 15m、下游地面坡度 2 度（3.49/100）以上且 500m 以内有村庄、学校和工业区等人员密集场所。

（三）普通山塘，是指坝高 5m 以上且不足 15m 的非屋顶山塘。

（四）坝高，是指建基面至坝顶之间的高差，可以按背水坡脚与顶部之间的高差计算。

（五）坡地，是指地面坡度 2 度（3.49/100）以上的区域。但不包括河道岸坡和堤防。

（六）报废，是指废除符合下列条件之一的山塘蓄水功能所采取的安全处置措施：①原功能丧失或被其他工程措施所替代，且无水资源进一步开发利用价值的；②存在严重质量问题，无法蓄水或挡水建筑物失去挡水功能，且原有功能可采取其他工程措施替代的；③对公共安全或者生态环境构成严重威胁，削减容积后仍不能保证山塘及下游防洪安全的；④因其他原因需要报废的。

第三十八条 坝高 2.5m 以上且不足 5m 的低坝山塘可参照本办法执行，具体由设区市或县级水行政主管部门另行规定。

第三十九条 下列工程不适用本办法：

（一）水电站蓄水建筑物、引水建筑物。

（二）河道上的拦水坝，包括堰坝、橡皮坝、翻板坝、闸坝、拱坝、重力坝等。

（三）挡水建筑物高度不足 2.5m 的湖荡池塘。

（四）四周均为平地（地面坡度不足 2 度）的蓄水工程。

第四十条　山塘抢险依照《水库抢险管理暂行办法》（浙防汛〔2002〕39 号），由县级人民政府制定相应的管理规定。

第四十一条　本办法由省水利厅负责解释。

第四十二条　本办法自 2017 年 8 月 1 日起施行。《浙江省山塘巡查管理办法（试行）》（浙水农〔2008〕24 号）、《浙江省山塘降等与报废管理办法（试行）》（浙水农〔2014〕41 号）同时废止。省水利厅以前出台的有关山塘安全管理的规定与本办法不一致的，以本办法为准。

附录 2 山塘运行管理规程（DB 33/T 2083—2017）

1 范围

本标准规定了山塘运行管理的基本要求、管理设施、蓄放水管理、工程检查、维修养护、档案和信息化管理等要求。

本标准适用于已建成运行的高坝山塘、屋顶山塘、作为饮用水源且日供水能力200t 以上的山塘的运行管理，其他山塘可参照执行。

2 规范性引用文件

下列文件对于本文件的应用是必不可少的。凡是注日期的引用文件，仅所注日期的版本适用于本文件。凡是不注日期的引用文件，其最新版本（包括所有的修改单）适用于本文件。

GB/T 11822 科学技术档案案卷构成的一般要求

GB/T 18894 电子文件归档与电子档案管理规范

SL 210 土石坝养护修理规程

SL 230 混凝土坝养护修理规程

3 术语和定义

下列术语和定义适用于本文件。

3.1

山塘 pond

毗邻坡地修建的、坝高 5.0m 以上且具有泄洪建筑物和输水建筑物、总容积不足 100000m³ 的蓄水工程。

3.2

山塘所有权人 pond owner

行使山塘所有权的公民、法人或其他组织。

3.3

物业化管理　property management

山塘所有权人委托具有山塘运行管理能力的物业化管理单位开展工程日常巡查、维修养护、蓄放水等日常管理工作。

4　基本要求

4.1　管理组织

4.1.1　山塘应按相关规定开展权证办理、注册登记、安全认定与评估、综合整治、应急管理等工作。山塘运行管理实行安全管理责任制，山塘所有权人的法定代表人是工程安全管理责任人。

4.1.2　山塘所有权人应明确巡查管护、维修养护及蓄放水管理等岗位，并落实相应人员。

4.1.3　各岗位人员应具有一定的山塘管理方面的知识，且身体健康、责任心强。

4.1.4　巡查管护岗不得由该山塘所属的农村集体经济组织的主要负责人承担。当山塘遭遇台风、（局部）强降雨、地震等工况时，应保障每座山塘有 1 名人员开展巡查工作。

4.1.5　蓄放水管理岗、维修养护岗可由具有相应能力的巡查管护岗位人员兼任。

4.1.6　山塘宜逐步推行物业化或集约化管理。已实行物业化或集约化管理的山塘人员配备应符合 4.1.3、4.1.4 规定。

4.1.7　山塘租赁、承包给其他个人或公司从事经营活动的，不得影响工程安全及正常运行。

4.1.8　运行管护经费应能够满足山塘正常运行、管理、维修和养护的需要。

4.2　管理范围

4.2.1　山塘的管理范围按以下标准划定：

a）蓄水区：设计洪水位淹没线以下范围；

b）坝体：坝体两端向外水平延伸不少于 10m 的地带；

c）溢洪道：溢洪道边墙向外侧水平延伸不少于 3m 的地带；

d）背水坡脚：坝高不超过 10m 的，为背水坡脚向外水平延伸 10m 范围内地带；坝高超过 10m 的，为背水坡脚向外水平延伸坝高值范围内地带。

4.2.2　山塘管理范围内不得从事堆放物料、爆破、违规建设建筑物等影响工程运行和危害工程安全的行为。确需新建建筑物、构筑物和其他设施的，应开展论证并办理审批工作。

5 管理设施

5.1 防汛抢险道路

防汛抢险道路应能直达坝顶或背水坡脚，且能够满足抢险机械安全通行的要求。

5.2 管理房

管理房应设在山塘管理范围内，且宜布置在两坝肩位置处。管理房可结合启闭机房设置，结构应安全可靠，面积宜不小于 $6m^2$，内部宜通电并配备座椅、移动照明等简易设施。

5.3 标识牌

5.3.1 山塘坝体附近醒目位置应设置工程概况牌，内容包括工程简介、工程建设及管理责任人、管理范围等，管理范围边界位置宜设置界桩或隔离设施。其中工程简介应明确工程名称、集雨面积、设计标准、总容积、工程布置及主要建筑物、坝型、坝高、建成（综合整治）时间等内容。

5.3.2 工程蓄水区醒目位置应设置深水警示牌等。

5.3.3 山塘坝顶、工作桥一般不宜通行机动车，确需兼做公路或临时道路的，应经技术论证，不得影响工程安全和正常运行，并设置安全设施和交通标志、标线。

5.4 观测设施

5.4.1 山塘应设置水位、溢流水深观测设施。有条件的地方，可设置水雨情遥测设施、工程安全监测设施等。

6 蓄放水管理

6.1 山塘蓄放水应满足工程安全运行的要求，并服从上级防汛抗旱指挥机构的调度要求。

6.2 病害山塘应控制水位运行，危险山塘应放空山塘运行。

6.3 山塘放水应由专人统一管理，放水前应对输水建筑物、启闭设施及进水口水面等进行检查，并做好放水工作记录。

6.4 土石坝山塘放水时宜控制水位下降速度每天不超过 $1.0\sim1.5m$。当溢洪道发生泄洪时，应结合实际需要开展预警工作。

7 工程检查

7.1 一般规定

7.1.1 检查分类

工程检查分为日常巡查、汛前检查、汛后检查和特别检查。

7.1.2 检查范围和内容

7.1.2.1 坝体：检查防浪墙、坝顶、坝坡有无渗漏、裂缝、塌坑、凹陷、隆起、蚁害及动物洞穴；检查坝体与岸坡连接处有无裂缝、错动、渗水等现象；检查坝肩及坝脚排水沟有无浑浊水渗出。

7.1.2.2 坝趾区：检查有无渗漏、塌坑、凹陷、隆起等现象。

7.1.2.3 泄洪建筑物：检查有无堵塞、拦鱼网，岸坡及边墙是否稳定；检查溢洪时是否会冲刷坝体及背水坡脚等。

7.1.2.4 输水涵洞（管）或虹吸管：检查进、出口及管（洞）身有无渗漏，管（洞）身有无断裂、损坏等情况；检查闸门及启闭设施运行是否正常，操作是否灵活。

7.1.2.5 近坝区水面：检查有无冒泡、漩涡和方向性流动等现象。

7.1.2.6 管理设施：检查标识牌是否完整、清晰；检查防汛抢险道路、管理房、观测设施等是否正常；记录山塘水位及溢洪道堰顶溢流水深（溢洪时）。

7.1.2.7 蓄水区及岸坡：检查蓄水区有无侵占水域、乱挖乱倒等现象；检查岸坡有无崩塌及滑坡等迹象。

7.1.2.8 其他应该检查的内容。

7.1.3 检查方法和工具

7.1.3.1 工程检查主要采用眼看、耳听、手摸、脚踩等直观方法，必要时辅以锤、钎、钢卷尺、放大镜、望远镜等简单工具器材。有条件的地方，可采用信息化设备开展检查。

7.1.3.2 工程检查时应根据需要携带以下工具：

a）记录工具：记录笔、记录本簿等；

b）辅助工具：锤、钎、锄头、铁锹、钢卷尺、放大镜、望远镜等；

c）安全工具：通信工具、照明工具；

d）其他信息化设备。

7.1.4 检查记录

7.1.4.1 检查人员应做好检查记录并签名,检查记录格式可参照附录 A(日常巡查可参照表 A.1 填写,汛前检查可参照表 A.1 和表 A.2 填写,汛后检查可参照表 A.1 和表 A.3 填写),特别检查应编制检查报告,报告由乡镇政府或主管部门会同山塘所有权人组织编制。

7.1.4.2 日常巡查过程中,巡查管护人员应将检查结果与以往结果进行比较分析,如发现有问题或异常现象,立即进行复查,并详细记述问题或异常现象发生的时间、部位、隐患类型及简单的描述。

7.1.4.3 工程检查记录表和特别检查报告应按要求存档,并报送乡镇政府或主管部门备案。采用信息化设备开展检查的,宜将检查结果通过系统上报。

7.1.5 问题处理

7.1.5.1 工程检查发现的一般隐患或缺陷,山塘所有权人或物业化管理单位应及时组织开展维修养护进行处理。处理难度较大或无法及时处理的问题,山塘所有权人应向乡镇政府或主管部门报告。

7.1.5.2 汛前检查发现的问题应在当年主汛期前解决或消除,汛后检查发现的问题应在下年度汛期前解决或消除,特别检查发现的问题应立即组织处理。

7.1.5.3 山塘所有权人接到违规占用水域、围塘造地等禁止性行为的报告时,应及时予以劝阻,并上报乡镇政府或主管部门。

7.1.5.4 巡查管护人员发现突发险情时,应立即向山塘所有权人报告,报告内容应包括发现险情时间、险情类型或特点、大致位置、严重程度及可能发展趋势等,山塘所有权人根据险情的严重程度依次向乡镇政府或主管部门、上级水行政主管部门和防汛指挥机构报告。情况紧急时,可越级上报。山塘所有权人应配合上级部门做好抢险工作。

7.2 日常巡查

7.2.1 工作开展

日常巡查由巡查管护岗位人员负责开展,以及时发现水工建筑物、边(岸)坡、管理设施等可能存在的隐患、缺陷、损毁或损坏。

7.2.2 检查频次

7.2.2.1 非汛期每 15 天不少于 1 次,汛期每 3 天不少于 1 次;当山塘水位接近(少于 50cm)溢洪道堰顶高程或山塘存在异常渗流、裂缝等问题时,应增加巡查频次。

7.2.2.2 梅雨期间、台风(影响山塘所在地)登陆前 72 小时至台风结束后 24 小时之间或山塘水位超过溢洪道堰顶高程时,每天不少于 1 次。

7.2.2.3　当山塘所在地发生（局部）强降雨、地震等其他特殊情况时，应立即巡查。

7.3　汛前检查和汛后检查

7.3.1　工作开展

7.3.1.1　汛前检查和汛后检查由山塘所有权人组织开展，必要时可申请乡镇政府或主管部门协助开展。

7.3.1.2　汛前检查和汛后检查是对工程安全及运行管理情况进行的全面检查工作。汛前检查以保障山塘安全度汛为目的；汛后检查是对汛期工程运行情况及安全状况进行总结，并为下一年维修养护提供依据。

7.3.2　检查时间

7.3.2.1　汛前检查应在当年 4 月 15 日前完成。

7.3.2.2　汛后检查应在当年 10 月 15 日至 11 月 30 日之间完成。

7.3.3　检查内容

7.3.3.1　汛前检查内容除 7.1.2 规定的内容外，还应包括以下内容：

a）各岗位人员落实及培训情况；

b）上年度汛后检查中发现问题的处理情况；

c）工程整体度汛面貌；

d）应急管理措施制定及落实情况。

7.3.3.2　汛后检查内容除 7.1.2 规定的内容外，还应包括以下内容：

a）日常巡查记录的完整性、可靠性及合规性；

b）本年度工程泄洪次数及情况；

c）溢洪道下游冲刷情况；

d）应急管理措施的执行情况；

e）运行管理台账等资料归档情况。

7.4　特别检查

7.4.1　工作开展

当发生超历史高水位、水位骤变、极端低气温、有感地震以及其他影响坝体安全的特殊情况时，山塘所有权人及巡查管护人员应按规定参加上级部门组织开展的特别检查工作。

7.4.2　检查内容

特别检查应根据具体情况对工程损坏部位及周边范围进行重点检查，必要时可结合专业设备或委托专业单位开展检查工作。

8　维修养护

8.1　一般规定

8.1.1　维修养护应做到及时消除检查中发现的各类破损和损坏，恢复或局部改善原有工程面貌，保持工程完整和正常运用。

8.1.2　各水工建筑物结构的修复标准不得低于原设计标准，金属结构等养护应符合相关标准的规定。

8.1.3　日常维修养护工作应及时清除山塘管理范围内的荆棘、杂草、杂物等，保持工程及相关设备设施整洁。

8.1.4　维修养护已实行物业化、集约化管理的山塘，山塘所有权人应与物业化或集约化管理单位签订合同或协议。合同或协议应明确维修养护的内容、考核要求及责任条款等。

8.2　维修养护要求

8.2.1　土石坝坝体

8.2.1.1　坝顶及坝坡平整，无积水、杂草、弃物、雨淋沟等；护坡砌块完好，无松动、塌陷、脱落、风化或架空等现象；防浪墙、踏步结构完好。

8.2.1.2　各种排水、导渗设施完好，排水畅通，排水沟无浑浊水渗出等。

8.2.1.3　及时防治白蚁，清除白蚁繁殖条件。

8.2.1.4　其他维修养护可按 SL 210 的要求开展。

8.2.2　混凝土、砌石坝坝体

8.2.2.1　坝面和坝顶路面清洁整齐，无积水、杂草、杂物等。

8.2.2.2　止水设施完好、无渗水或渗漏量不超过允许范围。

8.2.2.3　各种排水、导渗设施完好，排水畅通。

8.2.2.4　其他维修养护可按 SL 230 的要求开展。

8.2.3　泄洪建筑物

8.2.3.1　进水渠边墙、溢流堰结构完好，堰面及底板平整。

8.2.3.2　泄槽及消能设施结构完好，无影响行洪的障碍物，两岸边坡整体稳定。

8.2.3.3　其他维修养护可按 SL 210、SL 230 的要求开展。

8.2.4　输水建筑物

8.2.4.1　进水口结构完整，附近水面无漂浮物；管（洞）身及出口结构、防渗设施完好。

8.2.4.2　启闭机房结构安全可靠，室内干净整洁。

8.2.4.3　闸门及启闭设施每年至少保养 1 次，且无变形、锈蚀，润滑良好；门槽无卡阻现象。

8.2.4.4　其他维修养护可按 SL 210、SL 230 的要求开展。

8.2.5　管理设施

8.2.5.1　管理范围内无家禽、家畜养殖行为。

8.2.5.2　抢险道路无阻碍物及明显破损现象，保持通畅。

8.2.5.3　管理房结构完好，无漏水、安全问题。

8.2.5.4　标识牌和界桩无损坏，结构完整、字迹清晰。

8.2.5.5　水位、雨量观测设施能正常读取，遥测设施通信畅通。

8.2.5.6　其他设备设施的维修养护应能满足正常运用。

8.2.6　蓄水区

蓄水区水面应保持清洁，岸坡无明显滑坡迹象。管理范围内无侵占水域、乱挖乱倒、违规建造建筑物等行为。

9　档案和信息化管理

9.1　档案内容

山塘所有权人可按 GB/T 11822 的要求对工程设计、施工及日常管理中形成的资料进行立卷归档。工程档案主要内容为：

a）工程建设、综合整治等设计、施工及验收等过程中形成的资料；

b）工程检查、蓄放水管理等工作的记录、报告；

c）维修养护、防汛抢险、工程隐患或险情处理等过程中形成的资料；

d）权证办理、注册登记、管理范围划定、安全认定与评估等工作过程中形成的资料；

e）其他应该归档的资料。

9.2　档案保管

工程档案资料应送乡镇政府或主管部门妥善保管。档案保管可按 GB/T 18894 的要求开展，且应做到资料齐全，无虫蛀鼠害，无潮湿、霉变等情况发生。有条件时，档案宜实行电子化管理。

9.3　信息化管理

有条件的地方，山塘宜采用信息化设备开展蓄放水、工程检查、维修养护等工作，并按要求报送工程的相关信息。

附件：山塘工程检查记录表

表 A.1～表 A.3 分别给出了工程外观检查记录表、汛前检查管理类记录表、汛后检查管理类记录表的样式，用于山塘日常巡查、汛前检查和汛后检查等的工作记录。

表 A.1　工程外观检查记录表

山塘外观检查记录表				
工程位置	_____镇（乡、街道）_____村		检查时间	__年___月___日
山塘水位	___m	溢流水深 ___m	天气	晴□阴□雨□
检查内容与情况				
防浪墙	开裂□	错断□		倾斜□
坝顶	裂缝□	积水或植物滋生□		塌坑、凹陷□
上游坝坡	裂缝、塌坑□	凹陷□		隆起□
	护坡破坏□	植物滋生□		其他
下游坝坡	裂缝□	塌坑、凹陷□		隆起□
	异常渗水□	植物滋生□		白蚁迹象□
	动物洞穴□	排水棱体破损□		其他
坝端（坝体与岸坡连接处）	裂缝、隆起、错动□	异常渗水□		排水沟有堵塞物□
	白蚁迹象、动物洞穴□	岸坡滑动迹象□		其他
坝趾区	阴湿、渗水□	存在冒水、渗水坑□		渗透水浑浊□
	植物滋生□	其他		
泄洪设施	障碍物（鱼网等）□	杂物堆积□		边墙结构不完整□
	靠坝边墙不稳定□	消能设施结构异常□		岸坡危岩崩塌□
输水涵（洞）或虹吸管	出口渗漏□	涵（洞）身断裂、损坏□		进口水面冒泡□
	进口水面有杂物□	其他		
闸门及启闭设施	启闭设施异常（震动等）□	不能正常启闭□		闸门漏水□
	存在锈蚀现象□	止水破损□		其他
近坝区水面	冒泡、漩涡现象□	其他		
蓄水区及岸坡	违规侵占水域现象□	倾倒垃圾现象□		岸坡有崩塌或滑坡等□
	管理范围内违规建造建筑物、构筑物等□	其他		
管理设施	管理房结构破损□	标识牌存在污渍、破损等□		水尺无法正常观测□
	坝区通信状况不畅□	抢险道路不畅□		其他
发现问题及处置情况	（部位、问题描述、变化趋势等，必要时附图）			
检查人员	（签名）			
注：（1）工程外观检查时，如发现异常情况，可在对应的异常情况后的"□"打√；如无异常，无需打√； （2）"山塘水位"应包括山塘基准高程，即山塘水位＝水位尺读数＋水位尺零点对应高程（85黄海高程，下同）。				

表 A.2 汛前检查管理类记录表

	山塘 年汛前检查管理类记录表						
工程位置	镇（乡、街道） 村					检查时间	月 日
山塘水位	m	溢流水深		m		天气	晴□阴□雨□
检查内容与情况							
岗位人员	管理责任人：			巡查管护人员：			
	蓄放水管理人员：			维修养护人员：			
	人员签订合同（协议）□			物业化管理内容：			
	管理人员参加培训□			培训合格□			
应急措施	应急措施落实□			应急联系人（电话）：			
维修养护项目完成情况							
上年汛后检查问题处置情况							
是否可以正常度汛							
汛前检查存在问题							
存在问题的处理建议							
检查人员	（签名）						

表 A.3 汛后检查管理类记录表

山塘	年汛后检查管理类记录表			
工程位置	镇（乡、街道） 村		检查时间	___月___日
山塘水位	___ m	溢流水深	___ m	天气	晴□阴□雨□
检查内容与情况				
日常巡查记录	日常巡查人员：	巡查频次不符合要求□		
	签名存在遗漏□	记录不完整□		
	内容存在造假情况□	其他：		
工程运行	年度泄洪次数：___次	年度最高水位：___ m；___对应时间：		
	最大泄洪水深：___ m；对应时间：___	溢洪道下游冲刷□		
	应急管理措施执行情况：			
档案管理	资料已存档内容：巡查记录□ 监测记录□ 维修养护记录□ 放水记录□			
检查中发现的问题				
需要维修养护项目				
下一步计划安排				
检查人员	（签名）			

附录3 浙江省防汛防台抗旱条例

第一章 总 则

第一条 为防御和减轻洪涝、台风、干旱灾害,维护人民生命和财产安全,保障经济社会可持续发展,根据《中华人民共和国水法》《中华人民共和国防洪法》《中华人民共和国防汛条例》等法律、法规,结合本省实际,制定本条例。

第二条 在本省行政区域内从事防汛防台抗旱活动,适用本条例。

第三条 防汛防台抗旱工作坚持"以人为本、安全第一,预防为主、防抗结合,确保重点、统筹兼顾"的原则。

第四条 各级人民政府领导本地区的防汛防台抗旱工作。

防汛防台抗旱工作实行各级人民政府行政首长负责制及分级分部门的岗位责任制和责任追究制。

第五条 每年4月15日为本省防汛防台日。在防汛防台日应当开展防汛防台的知识宣传和必要的防汛防台演练等工作。

第六条 公民、法人和其他组织都有保护防汛防台抗旱设施和依法参与防汛防台抗旱与抢险救灾工作的义务,并依法享有知情权、获得救助权和获得救济权。

第七条 在防汛防台抗旱和抢险救灾工作中成绩显著的单位和个人,由县级以上人民政府给予表彰和奖励。

第二章 防汛防台抗旱职责

第八条 县级以上人民政府设立防汛防台抗旱指挥机构(以下简称防汛抗旱指挥机构),由本级人民政府负责人统一指挥。

防汛抗旱指挥机构由具有防汛防台抗旱任务的部门、当地驻军、武装警察部队等有关部门和单位的负责人参加,具体办事机构设在本级水行政主管部门。

第九条 县级以上人民政府防汛抗旱指挥机构的主要职责是:

(一)组织防汛防台抗旱知识与法律、法规、政策的宣传和防汛防台抗旱的定期演练;

(二)在上级人民政府防汛抗旱指挥机构和本级人民政府的领导下,具体负责指挥、协调本地区的防汛防台抗旱与抢险救灾工作；

（三）组织编制并实施防汛防台抗旱预案，审定和批准洪水调度方案和抗旱应急供水方案；

（四）组织开展防汛防台抗旱检查，督促有关部门、单位及时处理涉及防汛防台抗旱安全的有关问题；

（五）组织会商本地区的汛情、旱情；

（六）负责本地区的江河、水库、水闸等洪水调度和抗旱应急供水调度；

（七）组织指导监督防汛防台抗旱物资的储备、管理和调用；

（八）负责发布和解除紧急防汛期、非常抗旱期；

（九）法律、法规和规章规定的其他职责。

县级以上人民政府防汛抗旱指挥机构的成员单位应当按照各自职责和防汛防台抗旱预案要求，做好相关的防汛防台抗旱工作。

第十条　县级以上人民政府防汛抗旱指挥机构的办事机构承担防汛防台抗旱日常工作，其主要职责是：

（一）拟定防汛防台抗旱的有关行政措施及管理制度；

（二）掌握雨情、水情和水利工程安全运行情况，编制和发布汛情、旱情通告；

（三）具体实施洪水调度方案、抗旱应急供水方案；

（四）检查督促、联络协调有关部门、单位做好防汛防台抗旱工程设施和毁损工程的修复及有关的防汛防台抗旱工作；

（五）总结防汛防台抗旱工作；

（六）法律、法规和规章规定的其他职责。

第十一条　乡（镇）人民政府、街道办事处的主要职责是：

（一）在上级人民政府防汛抗旱指挥机构领导下，负责本地区防汛防台抗旱与抢险救灾避险的具体工作；

（二）按照管理权限组织开展本地区小型水库、山塘、堤防、水闸、堰坝和抗旱供水设施等的检查，落实安全措施；

（三）编制防汛防台抗旱预案；

（四）配合开展农村住房防灾能力调查；

（五）按规定储备防汛防台抗旱物资；

（六）组织、落实群众转移和安置工作；

（七）统计、上报灾情；

（八）法律、法规和规章规定的其他职责。

有防汛防台抗旱任务的乡（镇）人民政府、街道办事处应当设立防汛抗旱指挥机构，任务较重的应当设立办事机构。

第十二条 村（居）民委员会的主要职责是：

（一）协助当地人民政府开展防汛防台抗旱与抢险救灾避险的具体工作；

（二）开展防汛防台抗旱知识宣传；

（三）传达转移、避灾等信息；

（四）组织群众自救互救；

（五）协助统计灾情、发放救灾物资；

（六）法律、法规和规章规定的其他职责。

第三章 防汛防台抗旱准备

第十三条 县级以上人民政府防汛抗旱指挥机构应当根据流域综合规划、防洪工程实际情况、国家规定的防洪标准和上一级防汛防台抗旱预案，组织编制流域或者本行政区域的防汛防台抗旱预案，报本级人民政府批准，并报上一级人民政府防汛抗旱指挥机构备案。

县级以上人民政府防汛抗旱指挥机构的成员单位应当按照各自职责制定防汛防台抗旱预案，报本级人民政府防汛抗旱指挥机构备案。

有防汛防台抗旱任务的乡（镇）人民政府、街道办事处应当编制防汛防台抗旱预案，报县级人民政府防汛抗旱指挥机构批准；易发生山洪、泥石流、山体崩塌和滑坡等灾害地区的乡（镇）人民政府、街道办事处应当对重要的灾害隐患点编制专项预案。

水库、重要堤防、海塘、水闸、堰坝等工程管理单位应当编制险情应急处置预案，报有管辖权的县级以上人民政府防汛抗旱指挥机构批准。

第十四条 钱塘江干流及乌溪江、新安江、分水江、浦阳江等重要支流和瓯江、东苕溪干流的洪水调度方案，由省人民政府防汛抗旱指挥机构组织制定。

甬江、椒江、鳌江、飞云江和钱塘江其他支流的洪水调度方案，由所在地设区的市人民政府防汛抗旱指挥机构组织制定，报省人民政府防汛抗旱指挥机构备案。

第十五条 水库、堤防、海塘、水闸、堰坝等工程主管部门对所属工程负有安全管理责任。工程管理单位具体承担所管理工程的管理、运行和维护，落实安全管理岗位职责，对工程的安全运行承担直接责任。

有关工程的安全责任人由各级人民政府防汛抗旱指挥机构按照管理权限向社会公布。

第十六条 水库、堤防、山塘和其他易出险防洪工程的管理单位应当建立日常巡查制度与安全监测制度，加强巡查和监测，对存在安全隐患的工程及时进行除险加固，消除隐患。

第十七条 县级以上人民政府防汛抗旱指挥机构应当在汛前组织、督促有关部门和单位对防洪工程安全、防洪措施落实情况、地质灾害隐患情况进行检查；发现存在防汛防台安全问题的，责令有关单位限期整改。

建设、电力、交通、通信、气象、水文、海洋与渔业等部门应当在汛前和汛期加强对有关基础设施的防汛、防台检查；发现问题的，应当限期整改。

第十八条 气象、水利、海洋与渔业、国土资源等部门应当加强雨情、风情、水情、潮情、旱情和地质灾害的监测、预报、预警系统建设，提高灾害监测预报能力。

第十九条 县级以上人民政府应当加强对蓄滞洪区的管理，控制蓄滞洪区内的人口及经济增长，鼓励已在蓄滞洪区内的居民和单位外迁。

城市、村镇和其他居民点以及工厂、矿山、铁路和公路干线的布局，应当避开洪水威胁，或者采取相应的防洪措施，以符合防洪的要求。

县级以上人民政府应当按照省人民政府的规定，组织有关部门、乡（镇）人民政府、街道办事处以及有关专家对易受台风等自然灾害影响的农村住房（以下简称农居房）的防灾能力进行调查与认定；对存在安全隐患、防灾能力低的农居房，应当指导和督促住户加固维修、拆旧建新、搬迁。必要时组织群众临时转移到指定的地点。

县级以上人民政府规划、建设行政主管部门应当组织乡（镇）人民政府、街道办事处按照农居房建设质量安全技术规范的要求，加强对农居房建设的监督检查，提高农居房的抗灾能力。

农居房的建设管理办法，由省人民政府另行制定。

第二十条 县级人民政府水行政主管部门应当会同有关部门和乡（镇）人民政府、街道办事处编制小流域防洪避洪规划，报本级人民政府批准后实施。

第四章 防 汛 防 台 与 抗 旱

第二十一条 本省的汛期为每年的4月15日至10月15日。遇有特殊情况，县级以上人民政府防汛抗旱指挥机构可以宣布汛期提前或者延长。

遇有下列情形之一，县级以上人民政府防汛抗旱指挥机构可以宣布进入紧急防汛期，并报告上一级人民政府防汛抗旱指挥机构：

（一）江河干流、湖泊的水情超过保证水位或者河道安全流量的；

（二）大中型和重要小型水库水位超过设计洪水位的；

（三）防洪工程设施发生重大险情的；

（四）台风即将登陆的；

（五）有其他严重影响生命、财产安全需要宣布进入紧急防汛期的情形。

当干旱缺水严重影响城乡居民正常生活、生产和生态环境时，县级以上人民政府防汛抗旱指挥机构可以宣布进入非常抗旱期，并报告上一级人民政府防汛抗旱指挥机构。

第二十二条　在汛期，各级人民政府防汛抗旱指挥机构的办事机构、大中型水库等重要防洪工程的管理单位必须实行二十四小时值班制，履行汛期值班的职责。

各级人民政府防汛抗旱指挥机构的成员单位应当按照防汛防台抗旱预案的要求建立值班制度。

第二十三条　在汛期，气象、水利、海洋与渔业、国土资源等部门必须及时向有关人民政府防汛抗旱指挥机构及其有关成员单位提供气象、水文、风暴潮的实时信息和预测预报结论以及地质灾害监测资料，并向公众提供相关信息。

在非常抗旱期，城市供水主管部门应当及时向当地人民政府防汛抗旱指挥机构报告供水情况。

在预报台风即将登陆或者即将严重影响我省至汛情解除期间，电视、广播、互联网等媒体和移动通信经营单位应当滚动播报当地人民政府防汛抗旱指挥机构提供的有关信息。

第二十四条　在汛期，电力、通信部门的电力调度和通信服务必须服从防汛防台工作的需要，保证防汛防台用电和防汛防台通信畅通。公路、铁路、水路、民航等运输企业应当及时运送防汛防台抢险的人员和物资。

第二十五条　省人民政府防汛抗旱指挥机构负责钱塘江干流、新安江、浦阳江、东苕溪干流等主要江河的洪水调度。

设区的市、县（市、区）人民政府防汛抗旱指挥机构按照江河管理权限负责相应的洪水调度。

第二十六条　当河道水位或者流量达到规定的分洪、滞洪标准时，有管辖权的县级以上人民政府防汛抗旱指挥机构应当依照《中华人民共和国防汛条例》第三十三条的规定，采取分洪、滞洪措施。

第二十七条　任何单位和个人发现灾害征兆和防洪工程险情，应当立即向县级以上人民政府防汛抗旱指挥机构及其办事机构、防洪工程管理单位或者当地人民政府报告。

当地人民政府和有关部门接到报告后应当及时核查、采取应急措施并向可能受影响的地区发出预警警报。

第二十八条　水库、堤防等重要防洪工程发生险情，县级以上人民政府防汛抗旱指挥机构应当按照应急处置预案的要求，组织有关部门和当地乡（镇）人民政府、街道办事处以及专业抢险队伍实施抢险。

第二十九条　在紧急防汛期，各级人民政府防汛抗旱指挥机构有权在其行政区域内调用物资、设备、交通运输工具和人力。因抢险避灾需要取土占地、砍伐林木、清除阻水障碍物、指定避灾临时安置点的，任何单位和个人不得阻拦。

第三十条　在紧急防汛期，有关部门和单位可以根据防汛防台预案，采取停止户外集体活动、中小学校和幼儿园停课、工厂停工、市场停市以及交通管制等必要措施，确保人员安全。

可能受到灾害严重威胁的群众，应当按照防汛防台预案自主分散转移或者在村（居）民委员会的组织下转移。

根据防汛防台预案或者汛情，需要由政府组织集中转移的，有关人民政府应当发布转移指令，告知群众灾害的危害性及具体的转移地点和转移方式，提供必要的交通工具和通信工具，妥善安排被转移群众的基本生活。被转移群众应当按照指令转移，并自备必要的生活用品和食品。被转移地区的村（居）民委员会和有关单位应当协助政府做好相关转移工作。

在可能发生直接危及人身安全的洪水、台风和山体崩塌、滑坡、泥石流等地质灾害或者政府决定采取分洪泄洪措施等紧急情况时，组织转移的政府及有关部门可以对经劝导仍拒绝转移的人员实施强制转移。

在转移指令解除前，被转移群众不得擅自返回，组织转移的政府及有关部门应当采取措施防止群众返回。

人员转移的具体办法由省人民政府另行制定。

第三十一条　受台风影响较大地区的建筑施工和其他高空作业，在台风影响期间应当停工，并采取相应的防风加固等安全防护措施。县级以上人民政府有关部门应当按照各自职责督促做好建筑物、构筑物和其他设施的防风加固等安全防护措施，并加强安全检查。

在台风影响期间，有关部门应当对城镇行道树采取有效的防风加固措施。

第三十二条　户外广告设施在台风影响期间可能危害公共安全的，广告主或者广告设施的管理者应当采取加固或者拆除等防风措施，广告设施的审批部门应当做好督促检查工作。

第三十三条　受台风影响较大地区的居民应当增强防风避险意识，落实防风安全措施，防止阳台、窗台、露台、屋顶上的搁置物、悬挂物坠落造成安全事故。乡

（镇）人民政府、街道办事处和村（居）民委员会以及物业服务企业应当做好相关督促检查工作。

第三十四条　在非常抗旱期，县级以上人民政府防汛抗旱指挥机构应当组织实施抗旱应急供水方案，对水源实施临时应急调度，并组织建设、气象、水利等部门采取下列应急供水措施：

（一）启用应急水源；

（二）临时设置抽水泵站，开挖输水渠道；

（三）应急性打井、挖泉、建蓄水池等；

（四）应急性跨流域调水；

（五）实施人工增雨作业；

（六）对人畜饮水严重困难地区临时实行人工送水；

（七）其他应急供水措施。

前款规定的措施需要跨行政区域实施的，应当报共同的上级人民政府批准。

第三十五条　在非常抗旱期，各级人民政府应当优先保障城乡居民基本生活用水。

第三十六条　在非常抗旱期，县级以上人民政府可以组织采取下列用水限制措施，并向社会公告：

（一）限制工业、服务业用水，暂停高耗水工业、服务业用水；

（二）压缩农业用水量；

（三）限时或者限量供应城镇居民生活用水；

（四）实行临时性水价制度；

（五）分段分片集中供水；

（六）其他用水限制措施。

第三十七条　洪涝、台风、干旱灾害发生后，县级以上人民政府防汛抗旱指挥机构和民政部门应当按照国家和省的有关规定，统计、核实灾害损失情况，及时上报。

第三十八条　发生洪涝、台风、干旱灾害后，有关人民政府应当及时组织有关部门和有关单位做好灾民安置、灾后救助、医疗防疫、恢复生产、重建家园等救灾工作，组织抢修各项毁损的建筑物、构筑物和工程设施、设备。

第五章　保　障　措　施

第三十九条　各级人民政府应当科学规划防汛防台抗旱工程设施建设，并将其纳入国民经济和社会发展规划以及年度计划。

第四十条 蓄滞洪区、江心洲等区域的公路、桥梁等设施建设，应当符合国家有关规定和避洪撤离的需要，保证人民群众能够及时安全转移。

第四十一条 地铁、隧道、涵洞、地下通道、大型地下商场、大型地下停车场（库）等工程的建设单位，应当按照有关地下工程防水设计规范的要求，建设完备的排水设施，配备必要的排涝设备，并做好日常维护工作，落实抢修责任。

第四十二条 沿海及受台风影响较大地区的电力、通信、市政等基础设施建设，应当符合抗风避洪要求，并做好有关管理和防范工作。

第四十三条 沿海及受台风影响较大地区的县级以上人民政府应当编制避风港建设的规划，按照规定报请批准后组织实施。

避风港应当根据国家和省规定的规范和标准进行建设，完善船舶系泊设施，并做好日常维护工作，增强防御风暴潮的能力。

县级以上人民政府应当对已建避风港的防风能力进行评估，并根据评估结果，确定避风港的安全容量，采取相应的安全措施。

网箱等海上养殖设施的设置应当符合防御台风的要求，并防止影响船舶正常通航和避风。

各级人民政府及交通、水利、海洋与渔业等有关部门，应当依据有关法律、法规和各自职责制定和落实台风期间船舶避风的有关规定和措施。

第四十四条 防汛防台抗旱物资储备实行"分级储备、分级管理、统一调配、合理负担"的原则。

有关部门和单位应当按照国家和省的规定做好防汛防台抗旱物资储备工作，县级以上人民政府防汛抗旱指挥机构应当加强检查督促。

第四十五条 县级以上人民政府根据需要可以组建专业抢险救灾队伍；有防汛防台任务的乡（镇）人民政府、街道办事处应当组建以民兵为骨干的群众性防汛防台队伍，进行定期训练和演练，提高防汛防台和抢险救灾能力。

县级以上人民政府防汛抗旱指挥机构应当建立防汛防台抢险专家库。

第四十六条 县级人民政府应当组织民政、建设、水利、人防等有关部门和乡（镇）人民政府、街道办事处，根据防汛防台预案，落实避灾安置场所，必要时建设一定数量的避灾安置场所。避灾安置场所应当经工程质量检验合格。

各类学校、影剧院、会堂、体育馆等公共建筑物在防汛防台紧急状态下，应当根据人民政府的指令无条件开放，作为避灾安置场所。避灾安置场所应当具备相应的避灾条件。公共建筑物因作为避灾安置场所受到损坏的，当地人民政府应当给予适当补偿。

第四十七条　县级以上人民政府防汛抗旱指挥机构用于防汛防台指挥和抢险救灾的车辆，经省或者设区的市的人民政府防汛抗旱指挥机构核定，由公安机关交通管理部门核发特种车辆使用凭证。

特种车辆执行防汛防台抢险救灾紧急任务时，可以使用警报器、标志灯具，在确保安全的前提下，不受行驶路线、行驶方向、行驶速度和信号灯的限制，其他车辆和行人应当让行；特种车辆执行防汛防台抢险救灾紧急任务时，免缴通行费。

第四十八条　对有下列情形之一的单位和个人，有关人民政府应当按规定给予适当补偿：

（一）蓄滞洪区因蓄滞洪水而造成损失的；

（二）根据县级以上人民政府防汛抗旱指挥机构的洪水调度指令，因水库拦洪超蓄导致库区淹没而造成损失的；

（三）因抗旱需要调用农业灌溉水源而造成农作物减产、水产养殖损失的；

（四）依照本条例第二十九条规定调用物资、设备、交通运输工具和取土占地、砍伐林木、清除阻水障碍物、指定避灾临时安置点，造成损失的。

鼓励易受洪涝、台风、干旱等灾害影响的单位和个人购买商业性财产和人身保险。对参加农居房、渔船和农业等政策性保险的单位和个人，根据省人民政府规定予以一定的补助。

县级以上人民政府应当为专业抢险人员购买抢险救灾时的人身意外伤害保险。

县级以上人民政府对因抢险救灾而伤亡的人员给予补助或者抚恤。

补偿、补助和抚恤的具体办法由省人民政府另行制定。

第四十九条　各级人民政府防汛抗旱指挥机构的日常工作经费、防汛防台物资储备费用、防汛防台指挥系统建设及运行经费列入本级财政预算。防汛防台抗旱应急经费由各级人民政府承担。

防汛防台抗旱工程设施运行、维护、管理经费依照有关规定列入本级财政预算。

第六章　法　律　责　任

第五十条　对违反本条例规定的行为，《中华人民共和国水法》《中华人民共和国防洪法》《中华人民共和国防汛条例》等法律、法规已有法律责任规定的，依照有关规定执行。

第五十一条　县级以上人民政府水行政主管部门直接管理的防洪工程出现安全责任事故的，应当依法追究防洪工程管理单位、水行政主管部门和本级人民政府负责人的责任；其他防洪工程出现安全责任事故的，应当依法追究防洪工程管理单位、工程主管部门负责人的安全管理责任，以及水行政主管部门负责人的行业管理责任和本级人民政府负责人的领导责任。

第五十二条 有下列行为之一的，对直接负责的主管人员和其他直接责任人员由其所在单位或者上级主管部门给予行政处分；构成违反治安管理行为的，由公安机关依法予以处罚；构成犯罪的，依法追究刑事责任：

（一）应当编制防汛防台抗旱预案而未编制的；

（二）防洪工程发生险情时，有关人民政府和部门未按照险情应急处置预案的要求及时组织抢险而造成损失的；

（三）拒不执行经批准的防汛防台抗旱预案、洪水调度方案、防汛防台抢险指令或者分洪、滞洪决定以及抗旱应急供水方案的；

（四）阻碍人民政府防汛抗旱指挥机构及其他有关部门工作人员依法执行公务的；

（五）防汛防台抗旱检查中发现的问题，没有及时处理或者整改的；

（六）截留、挪用、移用、盗窃、贪污防汛防台抗旱或者救灾资金或者物资的；

（七）在防汛防台抢险中擅离职守的；

（八）各级人民政府防汛抗旱指挥机构及其他有关部门工作人员滥用职权、玩忽职守、徇私舞弊的；

（九）其他妨碍防汛防台抗旱抢险工作的。

第五十三条 有关单位违反本条例第十六条规定的，由县级以上人民政府水行政主管部门责令限期改正，并可处五千元以上五万元以下的罚款。

第五十四条 违反本条例第三十条第三款、第四款、第五款规定，不服从所在地人民政府及其有关部门发布的决定、命令和依法采取的措施，构成违反治安管理行为的，由公安机关依法予以处罚；构成犯罪的，依法追究刑事责任。

第五十五条 在非常抗旱期，有关单位和个人拒不执行本条例第三十六条第（一）项规定的，由县级以上人民政府水行政主管部门责令限期改正，并处二万元以上十万元以下的罚款。

第七章 附 则

第五十六条 本条例自 2007 年 4 月 15 日起施行。

附录4 浙江省农村供水工程运行管理规程
（试行）

1 范围

本规程适用于浙江省行政区域内日供水规模 200t 及以上集中式农村供水工程。日供水规模小于 200t 的农村供水工程，可参照本规程执行。

本规程所称农村供水工程，是指利用供水管道及其附属设施，为农村居民和单位提供生活、生产及其他用水活动的供水工程，包括城市供水管网延伸供水工程、乡镇或联村供水工程和单村供水工程等。

2 规范性引用文件

下列文件中的条款通过本规程的引用而成为本规程的条款。凡是注日期的引用文件，仅所注日期的版本适用于本文件。凡是不注日期的引用文件，其最新版本（包括所有的修改单）适用于本文件。

SL 689《村镇供水工程运行管理规程》

SL 687《村镇供水工程设计规范》

CJJ 58《城镇供水厂运行、维护及安全技术规程》

GB 3838《地表水环境质量标准》

GB/T 14848《地下水质量标准》

HJ/T 338《饮用水水源保护区划分技术规范》

HJ/T 433《饮用水水源保护区标志技术要求》

SL 255《泵站技术管理规程》

DL 408《电业安全工作规程（发电厂和变电所电气部分）》

DL 409《电业安全工作规程（电力线路部分）》

DL/T 572《电力变压器运行规程》

GB 5749《生活饮用水卫生标准》

GB/T 5750《生活饮用水标准检验方法》

农村供水工程的运行管理除应符合本规程规定外，尚应符合国家与浙江省现行有关法律、法规、办法、标准等的规定。

3 术语与定义

3.0.1 集中式供水

由水厂统一取水净化后，集中用管道输配至用水点的供水方式。

3.0.2 工程责任主体

一般为工程的产权所有者。

3.0.3 工程管护主体

负责工程日常运行管理和维修养护的责任单位或个人。

3.0.4 供水水源

供水工程所取用的地表和地下原水的统称。

3.0.5 饮用水安全

农村居民能够及时、方便地获得足量、洁净、负担得起的生活饮用水。

3.0.6 日常巡查保养

检查供水设备设施的运行状况，使设备设施完好、环境清洁卫生，传动部件按规定润滑。

3.0.7 定期维护

在规定时间内，对设备和设施进行专业性的检查、清扫、维修、测试，对异常情况及时检修或安排计划检修；全面强制性的检修宜列入年度计划。

3.0.8 大修理

有计划地对设备和设施进行全面检修，对易损或重要部件进行修复或更换，使其恢复到良好的运行状态。

3.0.9 供水保证率

预期供水量在多年供水中能够得到充分满足的年数出现的概率。

3.0.10 水质检测（监测）合格

供水水质经检测（监测）是否符合《生活饮用水卫生标准》。

3.0.11 供水水压合格率

符合规范要求的供水管网干线、末梢的水压力测点个数与总测点个数之比。

3.0.12 管网漏损率

管网漏水量与供水总量之比。

3.0.13 设备完好率

完好的制水、供水设备与全部生产设备中之比。

3.0.14 管网修漏及时率

用水户水表之前的管道损坏后修理及时的程度。及时标准为：明漏自报漏后及时采取措施止水，暗漏自检测并确定位置后及时止水，于 24 小时内开始修理的均算及时。突发性的爆管、折断事故应于 12 小时内及时止水抢修。

3.0.15 水费回收率

实际收回水费与应收水费之比。

3.0.16 抄表到户率

抄表的户数与总户数之比。

3.0.17 冲洗周期

滤池冲洗完成后，从开始运行到再次冲洗的间隔时间。

4 基本规定

4.0.1 为适应不同供水规模农村供水工程管理需求，本规程将农村供水工程分为表 4.0.1 中的五种类型。

表 4.0.1 农村供水工程分类

工程类型	Ⅰ型	Ⅱ型	Ⅲ型	Ⅳ型	Ⅴ型
供水规模 W/（m^3/d）	$W \geqslant 10000$	$10000 > W \geqslant 5000$	$5000 > W \geqslant 1000$	$1000 > W \geqslant 200$	$W < 200$

4.0.2 农村供水工程应按照《浙江省农村供水管理办法》规定，明晰工程产权，明确责任主体，落实管护主体和管护经费，应取得工程产权证和工程使用权证，产权单位（或使用权单位）与管护主体签订维修养护协议书，明确管理责任。

4.0.3 管护主体应按照因事设岗、以岗定员的原则合理设置岗位，明确岗位职责，择优招聘管护人员，督促管护人员履行岗位职责。

4.0.4 管护主体应建立岗位责任、运行操作、安全生产、水源保护、水质检测、维修养护、应急管理、计量收费、财务管理、培训考核等规章制度和操作规程。

4.0.5 农村供水工程应建立日常巡查保养、定期维护和大修理三级维护检修制度，做好相关记录。

4.0.6 除农村集体经济组织及其成员所有使用本集体经济组织的水塘、水库中的水作为水源外，农村供水工程应取得取水许可证和卫生许可证。

4.0.7 农村供水应实行计量收费，应优先保证工程设计范围内农村居民的生活用水，统筹兼顾第二、第三产业及其他用水，并按质、按量、按时，安全地将水送至用水户，不得擅自改变供水用途和供水范围。

4.0.8 农村供水工程宜根据主管部门要求，统一外观形象和标识，设立宣传标语或宣传栏，保证管理范围内环境优美、干净整洁，建筑物外立面清洁、卫生。

4.0.9 农村供水工程应积极开展和配合主管部门对用水户进行安全用水、节约用水、有偿用水等知识普及宣传。

4.0.10 农村供水工程应有供水系统平面图、工艺流程图和输配水管网图等工程图纸。

4.0.11 农村供水水质、水量、水压等指标应分别符合 GB5749、SL687 等相关标准的规定，主要绩效指标应达到表 4.0.11 的规定要求。

表 4.0.11　　　　　　农村供水工程主要绩效指标

主要绩效指标/%	农村供水工程	
	Ⅰ～Ⅲ型	Ⅳ型
供水保证率	≥95	≥92
水质检测（监测）指标	合格	合格
供水水压合格率	≥95	≥92
管网漏损率	<14	<15
设备完好率	≥95	≥92
管网修漏及时率	≥95	≥92
水费收缴率	≥93	≥90
抄表到户率	≥95	≥92

5 组织管理

5.1 管理职责

5.1.1 农村供水工程应强化内部管理，接受各级人民政府相关主管部门监管和社会监督，定期听取用水户意见，努力提高服务质量。

5.1.2 工程建设单位负责组织工程确权登记工作，工程产权单位作为责任主体负责落实管护主体，并通过签订管护协议明确双方权力与责任。产权单位应加强对管护主体的监督和考核。

5.1.3 农村供水工程应根据《浙江省农村饮用水工程维修养护定额（试行）》（浙水农〔2014〕30 号），测算管护经费。产权单位应根据管护协议书，负责落实管护经费。

5.1.4 供水水费可由管护主体负责向用水户征收,产权单位提供必要的支持。

5.1.5 农村供水工程责任单位或责任人名单应在供水建筑物上公示,接受用水户及社会监督。

5.2 岗位管理

5.2.1 管护岗位应按表5.2.1合理设置。

表 5.2.1 岗 位 设 置 表

序号	岗位类别	岗位名称
1	单位负责类	技术总负责
		财务与资产总负责
2	行政管理类	行政事务管理负责
		行政事务管理
		文秘档案管理
		人事教育及安全生产管理负责
		人事教育及安全生产管理
3	技术管理类*	技术管理负责*
		制水工艺技术管理*
		机电技术管理*
		自动化技术管理
		计划与统计
4	财务与资产管理类	财务与资产管理负责
		供水成本及水价管理
		会计
		出纳
		物资管理
5	运行类*	运行负责
		机电设备与仪器仪表运行及维修*
		制水净化*
		制水消毒*

序号	岗位类别	岗位名称
6	计量检测类*	计量检测负责
		水质检测*
		仪表校验
		计量抄表
		水费计收
7	安装维修类*	安装维修负责
		建筑物、管道与水表安装维修*
		用户服务
		管网及供水巡查
8	辅助类	门卫、炊事员、话务员、司机等

注 加 * 号的岗位为关键岗位。

5.2.2 各岗位人员配置应按《村镇供水站定岗标准》（水农〔2004〕223号）要求，合理确定。不同岗位人员可以相互兼岗，但岗位人数应不低于表5.2.2要求。

表 5.2.2 岗 位 人 数

工程类型	Ⅰ型	Ⅱ型	Ⅲ型	Ⅳ型
岗位人数要求	21人及以上	12人及以上	6人及以上	3人及以上

5.2.3 直接从事制水、水质检测、管网维护的管护人员应持有健康合格证。传染病患者或病原携带者不应进入生产区。

5.2.4 每个岗位的管护人员应具有与岗位工作相适应的专业知识和业务技能，参加水行政主管部门组织的业务培训，相关专业岗位人员应取得国家职业资格或专业技术资格。

5.2.5 农村供水工程的劳动用工管理，应遵守国家有关政策法规的规定。

6 水源及取水构筑物管理

6.1 水源管理

6.1.1 农村供水工程水源应按照《浙江省农村供水管理办法》规定，划定保护范围。水源保护范围划定原则上参照以下标准：

1 以小型水库、山塘作为供水水源的，其保护范围为该小型水库、山塘的集水区域；

2　以河道作为供水水源的，其保护范围为取水点上游 1000m 至下游 100m 的水域；

3　以大中型水库作为供水水源的，其保护范围为水库库区的保护范围；

4　以地下水作为供水水源的，其保护范围为以开采井为中心半径 50m 的范围。

6.1.2　农村供水工程应提出水源保护范围内水源保护方案，在防护地带设置警示标志，制定保护公约。管护主体应定期开展巡查，发现影响水源安全的问题及时处理。

6.1.3　农村供水工程水源保护范围内禁止下列行为：

1　清洗装贮过有毒有害物品的容器、车辆；

2　使用高毒、高残留农药；

3　向水体倾倒、排放生活垃圾和污水以及其他可能污染水体的物质；

4　设置畜禽养殖场、肥料堆积场、厕所、污废水渗水坑；

5　堆放废渣、生活垃圾、工业废料；

6　人工投放饲料进行水产养殖、从事影响水源安全的农牧业活动；

7　铺设污水管（渠）道、破坏深层土层；

8　未经有关行政主管部门批准进行的建设活动；

9　其他可能污染水源的活动。

6.2　取水构筑物管理

6.2.1　取水构筑物及取水口周边环境应定期进行巡查，汛期和冰冻期应加大巡查频次，观测水量变化情况，当发现水源水量或工程取水量不足时，应及时采取预防性措施，同时分析原因，落实修复措施。

6.2.2　取水构筑物上堆积的杂物应及时清除，定期进行冲淤清洗和消毒，保持取水口周边水流通畅，环境卫生整洁。

6.2.3　以地表水作为水源的农村供水工程取水口应设置格栅或格网。取水构筑物的构件、格栅、格网、钢筋混凝土构筑物等应每年检修 1 次，修补易损构件，对金属结构进行除锈处理。

7　制水管理

7.1　一般要求

7.1.1　农村供水工程应具备预处理、投药、混合、絮凝、沉淀、澄清、过滤、特殊水处理、消毒等必要的制水构筑物（或制水装置），以满足制水工艺需要。制水构筑物（或制水装置）应按设计工况运行。

7.1.2 各制水构筑物（或制水装置）的出口应设质量控制点；当出水浊度不能满足要求时，应查明原因，并采取相应的措施。

7.1.3 新建农村供水工程投产前或供水设施设备修复改造后，应进行冲洗、消毒，供水水质指标经检验合格后方可正式供水。

7.1.4 水厂生产区和制水构筑物（或制水装置）应做好安全防护工作，净水构筑物上的主要通道应设置高度不低于1.1m的防护栏杆，制水构筑物每年至少清洗消毒1次，消毒完成后应用清水再次冲洗。

7.1.5 制水构筑物（或制水装置）及其附件应定期维护，每日检查运行状况，每月检修1次，每年防锈涂漆1次，每1～2年解体检修1次，每3～5年大修理一次。

7.1.6 制水构筑物（或制水装置）应定期检测冻胀、沉降和裂缝等情况，发现异常应及时妥善处理。

7.1.7 絮凝剂、消毒剂等药剂应根据其特性和安全要求分类妥善存放，实行专人管理，并做好出入库记录。各药剂仓库和加药间应备有防毒面具、抢救材料和工具箱，设立安全防护措施，定期检修和反腐处理。

7.2 净化管理

7.2.1 管护主体应根据净化工艺制定操作规程。管护人员应按照规程控制生产运行过程。

7.2.2 各净水构筑物水位应定期观测，及时清除淤积泥沙。

7.2.3 各净水构筑物应定期检修，修理质量应符合有关标准的规定。

7.2.4 一体化净水装置的运行管理，应符合下列规定：

1 滤料可采用天然石英砂等滤料，滤料粒径不宜小于0.5mm，使用周期宜为5年，滤料到期后应及时更换；

2 运行前，应检查装置是否处于正常状态，加药设备、控制柜等附属设备能否正常工作；

3 进水浊度最高不宜超过500NTU；

4 按产品说明书或相关标准的要求，稳定运行一段时间后，应检测装置的进出水水质，根据水质情况调整混凝剂、消毒剂的投加量；

5 关闭时，应关闭加药装置、控制柜、进水阀，保持所有反冲洗排水阀、排气阀处于关闭状态。

7.2.5 药剂溶液应按规定的浓度用清水配置，并根据原水水质和流量确定加药量，药剂用量、配制浓度、投加量及加药系统运行状况应每日记录，投药设施应定期检修。

7.3 消毒管理

7.3.1 农村供水工程应根据供水规模、管网情况、经济条件等综合因素，合理确定液氯、二氧化氯、次氯酸钠、臭氧、紫外线灯等单一或联合消毒设施。

7.3.2 消毒剂投加量应根据原水水质、出厂水和管网末梢水消毒剂余量合理确定，并按时记录各种药剂的用量、配制浓度、投加量及处理水量。

7.3.3 消毒剂应在滤后投加，投加点宜设在清水池、高位水池或水塔的进水口处；无调节构筑物时，可在泵前或泵后管道中投加。当原水中有机物和藻类较多时，可在混凝沉淀前和滤后分别投加；管线过长时，应在管网中途添加消毒剂，以提高管网边远地区的剩余氯量，防止细菌繁殖。

7.3.4 消毒剂与水应充分混合，与水的接触时间、出厂水中的限值，以及出厂水和管网末梢水中消毒剂余量应符合 GB5749 的规定。

7.3.5 消毒设备与管道的接口、阀门等渗漏情况应每日检查，定期更换易损部件，每年维护保养 1 次。

8 泵房与输配水管网管理

8.1 泵房及附属建筑物管理

8.1.1 泵站管理应符合 SL255 的规定。

8.1.2 水泵应在泵体内充满水、出水阀关闭的状态下启动；水泵的运行，应合理调节出水阀开度和运行水泵台数，尽可能使其在高效区运转，流量应与净水设施的水处理能力相匹配。除止回阀外，泵站和输配水管线上的各类控制阀应均匀缓慢的开启或关闭。停泵时，应先关闭出水阀。

8.1.3 机电设备的运行状况应经常巡查，记录仪表读数，观察机组的振动和噪声，发现异常及时处理。水泵轴承温度不应超过 310℃；油浸式变压器的上层油温不应超过 810℃；电动机的轴承温度，滑动轴承不应超过 70℃，滚动轴承不应超过 910℃；电动机的运行电压应在额定电压的 910％～110％范围内；电动机的电流除启动过程外不应超过额定电流。

8.1.4 水泵工作时，吸水池（或井）水位不应低于最低设计水位。环境温度低于 0℃、水泵不工作时，应将水泵、管道及其附件内的存水排净。水泵机组及其辅助设备每月应保养 1 次。停止工作的水泵机组，每月应试运转 1 次。电动机应与水泵同时进行大修。

8.2 输配水管网管理

8.2.1 农村供水工程应有完整的输配水管网图,详细注明管道和各类阀井的位置,并及时更新,有条件的宜逐步建立供水管网管理信息系统。

8.2.2 输配水管道通水前,应先检查所有空气阀是否完好有效,正常后方可投入运行。

8.2.3 管道及其附件更换或修复后,应冲洗、消毒、检验水质。消毒之前先用高速水流冲洗水管,然后用 20～30mg/L 的漂白粉溶液浸泡一昼夜以上,再用清水冲洗,经水质检测合格后方可恢复通水。

8.2.4 输配水管道及附属设施应经常巡查有无被压、埋、占等行为,以及漏水、腐蚀、地面塌陷、人为损坏等现象,发现问题和故障应及时处理。

8.2.5 管道低处泄水阀应定期排除淤泥并冲洗;配水管网末梢的泄水阀每月至少应开启 1 次进行排水冲洗。

8.2.6 配水管网中的测压点压力应每月至少观测 2 次。输配水管道的运行压力不应超过规定的允许值。

8.2.7 管线中的进气阀、排气阀、泄水阀、逆止阀应每月至少检查维护 1 次,及时更换变形的浮球。

8.2.8 干管上的闸阀每年维护和启闭 1 次;支管上的闸阀每 2 年维护和启闭 1 次;经常浸泡在水中的闸阀,每年至少维护和启闭 2 次。每月至少对空气阀检查维护 1 次,及时更换易损部件,每 1～2 年对空气阀解体清洗、维修 1 次。每年对泄水阀、止回阀维护 1 次。

8.2.9 减压阀、消防栓、阀门井、支墩应定期检查,发现问题应及时维修或更换;每年应对管道附属设施检修一次,并对钢制外露部分涂刷 1 次防锈漆。

8.2.10 生活饮用水的配水管道,不应与非生活饮用水管网和自备供水系统相连接。未经供水单位同意,不应私自从配水管网中接管。

8.2.11 水厂应安装进出水总水表、管网中应安装村头水表和入户水表等计量器具。水表运行情况应定期巡查,不应随意更换水表和移动水表位置。

8.3 调蓄构筑物管理

8.3.1 清水池(高位水池、水塔)必须设置水位计,并能连续监测,严禁超上限或下限水位运行。池顶不得从事有可能影响水质的活动,不得堆放重物,检测孔、通气孔和入孔应有防护措施。汛期应保证清水池四周的排水通畅,防止污水倒流和渗漏。

8.3.2 清水池(高位水池、水塔)应每年排空清洗消毒 1 次;每月检修 1 次阀门和水位计，对长期开或关的阀门，每季操作一次；对池体、通气孔、伸缩缝等 1～3 年检修一次，并解体修理阀门，油漆金属件一次。每 5 年对池体及阀门等全面检修，更换易损部件；大修后必须进行满水实验检查渗水，经消毒合格后，方可投入使用。

9　厂区和设备管理

9.1　厂区管理

9.1.1　水厂生产区和单独设立的生产构（建）筑物卫生防护范围不应小于 30m，应设置防护围墙（防护栏），进行封闭式管理。防护范围内不应设置居住区、渗水坑，不得堆放垃圾或铺设污水管道，宜进行绿化美化。

9.1.2　各类生产构（建）筑物应保持卫生整洁，排水通畅，通风和照明设施齐备，配备灭火器、防汛等应急器具和物资。厂房内设备和工器具及有关资料应设置专区，堆放合理，摆放整齐。

9.1.3　各项规章制度和制水操作规程应建立台账，其中主要的应张贴上墙。水源地、厂区重要车间宜配备图像监控系统及报警系统。

9.1.4　厂房内走台、坑、池、配电间、加药间等安全隐患处要设置明显的安全标志和保护措施。

9.2　设备管理

9.2.1　供水设备运行与日常保养由各岗位人员负责，应经常进行观测、记录，并及时保养和除尘。

9.2.2　供水设备检修人员应掌握设备检修技术，按照有关标准、使用说明书进行。

9.2.3　机电设备应保持运转正常、平稳、无异常噪音；设备及附属装置完好无损；阀门启动灵活，保护装置可靠，接地符合要求。

9.2.4　应做好设备的防冻、防腐、防盗等措施。裸露在室外的金属设备及附属装置应定期除锈涂漆，无腐蚀，基础牢固。

9.2.5　电气设备操作和维护应符合 DL 408 规定。应保持接地线完好，各控件、转换开关动作灵活、可靠、接触良好。

9.2.6　避雷器应及时检查和清扫，应有除锈防腐措施。

9.2.7　变压器运行维护应符合 DL/T 572 的规定。

9.2.8　仪器仪表应按规定标准和使用说明书的规定使用和维护，应按检定周期送规定部门进行检定。仪器仪表使用时应保持各部件完整、清洁无锈蚀，玻璃透明。表盘标尺刻度清晰，铭牌、标记和铅封完好。仪器仪表周围环境应清洁、无积水，备有一定数量。

10 水质检测

10.1 水质标准与检测制度

10.1.1 农村供水工程应根据供水规模及具体情况建立水质检测制度，对水源水、出厂水和管网末梢水进行水质检测，并接受卫生部门监督检查。

10.1.2 地下水源水质应符合 GB/T 14848 的规定；地表水源水质应符合 GB 3838 和 CJ 3020 的规定。出厂水和管网末梢水水质应符合 GB 5749 的规定。

10.1.3 水样采集、保存、运输和检测方法按照 GB/T 5750 确定，也可采用国家质量监督部门、卫生部门认可的简便方法和设备进行检验。

10.1.4 Ⅰ、Ⅱ、Ⅲ型农村供水工程应设立水质检测室，配备检验人员和设备，满足日常检测需要；Ⅳ型农村供水工程应落实管理人员负责水质检测工作，并逐步具备日常检测能力；有条件的农村供水工程宜采用水质在线检测方式。

10.1.5 农村供水工程不能检测的水质指标应委托具有相关检测资质或相应检测能力的单位进行检测，并按照检测项目和频次要求及时送检。

10.1.6 水源水采样点应布置在取水口附近；出厂水采样点应布置在水厂出水口；管网末梢水采样点宜每个受益村 1 个。

10.1.7 当检测结果超出水质指标限制时，应立即复测，增加检测频率。水质检测结果连续超标时，应查明原因，及时采取措施解决，必要时应启动供水应急预案。

10.1.8 水质检测记录应真实、完整、清晰，并由专人负责管理，定期报送主管部门。

10.2 检测项目及频次

10.2.1 水质检测项目和频次应根据原水水质、制水工艺、供水规模等综合确定。在选择检测项目时，应根据当地实际，重点关注对用水户健康可能造成不良影响、在饮水中有一定浓度且有可能常检出的污染物质。

10.2.2 水质检测项目及频次不应低于表 10.2.2 的规定。

表 10.2.2 水质检测项目及检测频次

工程类型	水源水，主要检测污染指标	出厂水，主要检测确定的常规检测指标＋重点非常规指标	管网末梢水，主要检测感官指标、消毒剂余量和微生物指标
Ⅰ～Ⅲ型	地表水每年至少在丰、枯水期各检测1次，地下水每年不少于1次	常规指标每个季度不少于1次	每年至少在丰、枯水期各检测1次
Ⅳ型	地表水每年至少在水质不利情况下（丰水期或枯水期）检测1次，地下水每年不少于1次	每年至少在丰、枯水期各检测1次	每年至少在丰、枯水期各检测1次

注 常规检测指标：根据《生活饮用水卫生标准》（GB 5749—2006）中的42项水质常规指标，并按实际情况增减指标。

污染指标是指：氨氮、硝酸盐、COD_{Mn}等。

感官指标：浑浊度、色度、臭和味、肉眼可见物。

消毒剂余量：余氯、二氧化氯等。

微生物指标：菌落总数、总大肠菌群。

10.2.3 常规指标中当地确实不存在超标风险的，可不进行检测；从未发生放射性指标超标的地区，可不检测放射性指标；非常规指标中存在超标或有超标风险的，应进行检测。

10.2.4 Ⅰ、Ⅱ、Ⅲ型农村供水工程除表10.2.2的规定外，还应至少对检测色度、浑浊度、臭和味、肉眼可见物、pH值、耗氧量、菌落总数、总大肠杆菌、消毒剂余量等9个项目开展日常检测。

11 运营管理

11.1 水费管理

11.1.1 供水单位宜对用水户逐户进行登记，建立用水户档案，与用水户签订供水协议。

11.1.2 生活饮用水水价按保本微利的原则核定，生产及经营用水水价按成本加合理利润原则核定。水价应按各地规定程序申报核定。

11.1.3 水价应在受益范围内公示，接受用水户和社会监督。水价需变更时，应按照程序重新确定。

11.1.4 农村供水应定期抄表收费，定期公布水费收支情况，建立健全财务管理制度，接受用水户及社会监督。

11.1.5 管护主体应充分利用国家、省有关供水用电、用地、税费减免等优惠政策，减少运营成本。

11.2 应急管理

11.2.1 管护主体应设 24 小时服务热线，并向用水户及社会公布，保持通信畅通，及时处理、反馈用户投诉并做好记录。

11.2.2 由于施工、检修等方面原因需临时停止供水时，管护主体应提前 24 小时通告用水户，并及时报告有关部门。

11.2.3 管护主体应制定包括应急供水调度保障、供水设施抢险等内容的供水应急预案，并报供水受益范围内人民政府备案。

11.2.4 发生工程损毁、水质污染等供水突发事件时，管护主体应立即通告用水户，并及时逐级上报主管部门，启动应急预案。

11.2.5 应急终止后，管护主体应及时评估和完善应急处理措施的有效性，并根据事故发生的原因，落实预防性措施。

11.2.6 农村供水工程宜采取"以大带小，小小联合"的方式，建立一定区域内的农村供水应急保障体系。

11.3 档案管理

11.3.1 农村供水工程应建立档案管理制度，落实档案管理职责，及时归档相关资料。设备设施档案应完整、齐全，能与实物对应。档案管理应符合《中华人民共和国档案法》的有关要求。

11.3.2 主要档案资料包括：

1 规划、设计、建设、验收等工程建设资料和图纸；

2 各项操作规程和管理制度；

3 设备材料采购、工程巡查和维修养护记录、水质检测报告、水费收缴和财务资料、人员管理、突发事件及投诉处理等运行管理资料；

4 取水许可证、卫生许可证、工商注册、经营许可、上级批复等相关证件。

12 信息化管理

12.0.1 农村供水工程宜运用信息化技术，安装信息化采集终端，监测设备运行状态，监控管护人员巡查到位情况。

12.0.2 农村供水工程档案和运行状态宜建立电子化台账，并纳入主管部门信息系统。运行状态包括实时采集信息、视频监视信息、日常巡查信息等。